# 如何不生气
# 怎样不抱怨
## Complain

赵 飞 编著

辽海出版社

图书在版编目（CIP）数据

如何不生气，怎样不抱怨/赵飞编著.—沈阳：辽海出版社，2017.10
　　ISBN 978-7-5451-4418-5

Ⅰ.①如… Ⅱ.①赵… Ⅲ.①情绪—自我控制—通俗读物 Ⅳ.① B842.6-49

中国版本图书馆 CIP 数据核字（2017）第 247780 号

## 如何不生气，怎样不抱怨

责任编辑：柳海松
责任校对：丁　雁
装帧设计：廖　海
开　　本：630mm×910mm
印　　张：14
字　　数：174 千字
出版时间：2018 年 3 月第 1 版
印刷时间：2018 年 3 月第 1 次印刷

出版者：辽海出版社
印刷者：北京一鑫印务有限责任公司

ISBN 978-7-5451-4418-5　　　　　定　价：68.00 元
版权所有　翻印必究

# 序　言

我们每天的生活忙碌而充实，但在充实和忙碌当中我们也承受着来自家庭和工作的压力。在公司里面，我们需要努力工作，和别人竞争晋升的机会；在家庭当中，我们要承担属于自己的那部分责任。有些时候，我们光顾着忙碌，然而忽视了我们的内心。因此，我们变得容易生气，生气之后就会因为一点小事而抱怨。从待遇到地位；从出身到同事。但我们并不会因为抱怨而反省，而改变。

光知道生气和抱怨、不懂得反省和改变的结果是工作毫无进步，让自己陷入循环抱怨的怪圈。当我们光懂得生气和抱怨的时候，我们的生活已经失去了它真正的意义。

"如何不生气，怎样不抱怨"，这是我们每个人追求的目标。这个时候，为什么不想想自己应该加倍努力呢？努力将自己的工作做好，努力让领导认识到自己的能力，努力让周围的同事肯定自己，努力让自己实现超越。做到了这些，我们还有什么理由生气，还有什么理由抱怨呢？

**如何不生气，怎样不抱怨**

　　从学校中走出来的时候，我们每个人都如同一张白纸，这张白纸是一纸涂鸦还是精彩蓝图完全在于我们的选择和努力程度。如果我们只知道生气和抱怨，那么，这张纸注定会死气沉沉，毫无生气；如果我们每天都在努力，那么，这张纸终将会阳光明媚，生气勃勃！

　　所以说，远离生气和抱怨吧。在想要生气和抱怨的时候，不妨想一下我们的人生目标，并不是为了消磨自己，而是为了提高自己，实现自己的目标，展示我们的人生价值！

　　翻开本书，它会告诉你如何不生气，怎样不抱怨，努力之后，你的成功便会水到渠成！

# 目 录

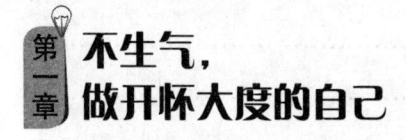

## 第一章 不生气，做开怀大度的自己

生气，于己不好，于人不利。人生短暂，如果为了小事而生气，那简直就是在浪费自己的时间和精力。所以，不生气，做一个开怀大度的自己。

生气之下无好果 …………………………………… 2
降降火气不生气 …………………………………… 3
别因外表丑陋而苦恼 ……………………………… 4
凡事要看得开、看得透 …………………………… 7
烦恼皆由心生 ……………………………………… 9
学点争吵的艺术 …………………………………… 10
不要为小事而动怒 ………………………………… 12
别因自身的缺陷而悔恨 …………………………… 14

## 第二章 不较真，做心平气和的自己

太过较真，你累，别人也累。人无完人，物无无瑕。生活中如果太过于较真，只能用一个字来形容，那就是"累"。所以，别太较真，做一个心平气和的人。

看开点，放自己一马……………………………… 18
甩去烦恼，笑去恩怨……………………………… 20
做人不可过于较真………………………………… 22
何必跟人计较……………………………………… 24
太认真是一种错误………………………………… 25
小事不妨装"糊涂"……………………………… 27
不带"放大镜"出门……………………………… 29
不为鸡毛蒜皮的事烦恼…………………………… 32
别跟自己较真……………………………………… 33
有的时候需要难得糊涂…………………………… 35
有一种错误叫固执………………………………… 37
何苦庸人自扰……………………………………… 40
凡事不要太计较…………………………………… 42

# 第三章 宽宽心，做情绪稳定的自己

眉间放一字宽，看一段人世风光。放松心情，把自己的情绪稳定下来，淡看人生，笑看浮华。

改变自己，从心境开始…………………………… 46

拔出心中所有的钉子……………………………… 47

欢笑养生法 ……………………………………… 48

操纵好自己情绪的"转换器"…………………… 49

别让紧绷的弦断裂 ……………………………… 51

当怒则怒，当服则服 …………………………… 53

驾驭好自己的情绪 ……………………………… 55

不做易怒的"周瑜"……………………………… 56

情绪不随感情迁移 ……………………………… 58

# 第四章 降降压，做简单快乐的自己

释放压力，减轻身上的包袱，在你感到无助的时候，你会发现，拨开云雾就会看到彩虹。

释怀后的"又一村"……………………………… 62

不生气不动怒，保持心理平衡 ………………… 63

退一步，柳暗花明 ……………………………… 65

不停地工作并非幸福的前兆 …………………… 67

转移情绪注意力 ………………………………… 69

学会减压，适时调适自己 ……………………… 71

勇敢地面对人生境遇 …………………………… 73

想方设法为自己减压 …………………………… 77

## 第五章 消消气，做淡定自如的自己

气大伤身，把愤怒等一些坏情绪关在门外。珍惜每一天，过一种淡然的生活，让自己活在幸福快乐中。

背负合适的压力 …………………………… 80
别触碰"生气"这根导火线 ………………… 81
别生气，气坏身体无人替 ………………… 83
愤怒的"力量" …………………………… 85
被活活气死的人 …………………………… 86
天才为什么会过早陨落 …………………… 88
给自己一面生活的镜子 …………………… 90
"怒思祸"的生活智慧 …………………… 91
生气也不能破坏游戏规则 ………………… 92
化解愤怒情绪的方法 ……………………… 94
莫因他人的错误惩罚自己 ………………… 96
甩掉心中愤怒的火种 ……………………… 98
远离愤怒，快乐生活 ……………………… 100
理性地愤怒是个好选择 …………………… 103

## 第六章 有胸襟，做宽容豁达的自己

予人宽容，也是予己宽容。宽容别人，会为我们的生活平添许多快乐。胸襟宽广一点，将自私拒之门外，做一个豁达的自己。

让仇恨长出鲜花…………………………… 106
生活离不开宽容…………………………… 109
以宽容之心净化心灵污垢………………… 110
宽容是人生的一座桥……………………… 113
做个"大肚"之人………………………… 114
清除"三毒"，稳如泰山………………… 116
别让仇恨的种子萌芽……………………… 118
生气时保持冷静…………………………… 119
伟人具有两颗心…………………………… 121
切除怨恨的肿瘤…………………………… 123
对人要宽宏大量…………………………… 124
度量放宽些………………………………… 128
自私就是自我毁灭………………………… 129
宽恕敌人，赢得朋友……………………… 131
请握住我的手……………………………… 132
向刻薄的人学习宽容……………………… 133
都是自私惹的祸…………………………… 135

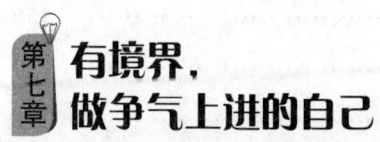

# 第七章 有境界，做争气上进的自己

愚蠢的人只会生气，而聪明的人懂得去争气。

把生气转化为争气，不也是人生的一种至真至纯的境界吗？

甩掉怨气，夯足底气 …………………………………… 138
咽下怨气，努力争气 …………………………………… 140
把缺点变成发展的机会 ………………………………… 142
扑灭嫉妒之火 …………………………………………… 146
即使失意也不可失志 …………………………………… 148
生气不如争气 …………………………………………… 150
忍一时怨恨，使终身受益 ……………………………… 151
让每一天都充满希望 …………………………………… 153

# 第八章 懂忍耐，做目光长远的自己

从任何一个角度讲，抱怨和乱发脾气都只有消极的影响。在大多数时候，我们需要忍。忍小谋大，暂时的忍让是一种大智慧，既是为了内心的宁静也是为了以后的事业。

小不忍则乱大谋 ………………………………………… 156
面对中伤，保持冷静 …………………………………… 157
忍一时，成就一世 ……………………………………… 158
沉稳忍让之心不可少 …………………………………… 160
屈辱而愤，愤则兴 ……………………………………… 161

忍在羽化成蝶时……………………… 163

收起硝烟，体现风度……………………… 165

忍一忍，不会摔得狠……………………… 167

学会低头，谦逊有礼……………………… 168

# 第九章 懂知足，做平淡质朴的自己

知足常乐。在物欲横流的年代，明白适可而止，那么每一天你都会活得开心自由，要知道，知足是享受快乐的另一种智慧。

墨守心中那份满足……………………… 172

越想得到，就越容易失去……………………… 173

欲望成空，终回起点……………………… 174

平淡生活，快乐常在……………………… 176

知足，惜福……………………… 177

赶走你的不高兴……………………… 179

魔鬼害人之法……………………… 181

驱除过多的欲望……………………… 183

永葆快乐的秘诀……………………… 186

"剃头欢"为何不欢……………………… 188

享受人生乐趣要知足……………………… 191

-7-

## 第十章 别忧虑，做祥和幸福的自己

在心间种一棵"忘忧草"，每当烦恼忧愁来袭，你都能笑着面对，那么，你的内心每天都会充满阳光、快乐，你的生活就会更加祥和、美满。

别让家庭充斥"火药味"……………………… 194
告别悲观，迎接生活的暖阳……………………… 197
擦拭自己的心窗……………………… 199
别让生活成为一潭死水……………………… 200
在心间种一棵"忘忧草"……………………… 204
别被忧虑的小甲虫噬咬……………………… 206
踢开绊住前进脚步的小事……………………… 208
"枪毙"心中的痛苦……………………… 210
生活可以多点"开心果"……………………… 211

# 第一章
# 不生气，做开怀大度的自己

生气，于己不好，于人不利。人生短暂，如果为了小事而生气，那简直就是在浪费自己的时间和精力。所以，不生气，做一个开怀大度的自己。

# 生气之下无好果

生活不可能是一帆风顺的，总会有些不如意的事发生，如果仅为一些鸡毛蒜皮、微不足道的小事而生闷气、耿耿于怀，岂不是在浪费自己的时间和精力吗？这是很不值得的。

现实生活中，我们经常可以看到这样的情形：几个青年在一起打篮球。一个青年突破上篮，而另一个青年却从身后打手犯规。虽不是故意，但上篮者却也是怒气冲冲："你他妈的怎么乱打手？""我打了，怎么样？"犯规的青年趾高气昂。

于是，两个青年从动口到动手，打得不可开交。为这点小事发火甚至动武，本是不值得的，但是，因这样的小事而酿成的悲剧却举不胜举。发火本身是一种情绪的发泄方式，但是如果这种发泄方式是以身心受伤害作为代价的话，那么发火就失去了它本身的作用。

生活中，很多人遇到晦气事或不顺心的事情以后都免不了表现出郁闷、低沉的情绪，甚至有的开始怨天尤人，最终把自己弄得很生气。例如，小孩不听话，气！自己的工作没做好，气！别人在背后说你闲话，气！诸如此类，不胜枚举。而我们往往在生气的状态下又会表现出冲动的行为，"一气之下"做出了一些让自己后悔不已的行为，而这种行为，不仅伤害别人，也伤害自己，还损害自己的形象。但是如果你静下心来仔细想想，你就会发现，其实，为了这些琐碎的小事而七窍生烟是不值得的。

人生不过短短几十载，在这有限的时间里，不要因一些鸡毛蒜皮、微不足道的小事而耿耿于怀，因这些小事而浪费你的时间、耗费你的精力是不值得的。智者有云：与人过不去就是与己过不去。发脾气就是拿别人的错误惩罚自己！

美国著名作家迪斯雷利曾经说过："为小事而生气的人，生命是短促的。"如果你真正理解了这句话的深刻含义，那么，你就不会再为一些不值得一提的小事而"气呼呼"的了。

> 在太平无事的时候，由于拘谨，有些强烈的情感即便不能压抑下去，至少也会想法遮掩；可是处于心烦意乱的境况中，人就不会做作，无意中将真实感情暴露出来。
> ——司各特

## 降降火气不生气

古时有一个妇人，特别喜欢为一些琐碎的小事生气。她也知道这样不好，便去求一位高僧为自己讲禅说道，开阔心胸。高僧听了她的讲述，一言不发地把她领到一间禅房中，落锁而去。

妇人气得跳脚大骂，骂了许久，高僧也不理会。妇人又开始哀求，高僧仍置若罔闻。妇人终于沉默了，高僧来到门外，问她："你还生气吗？"妇人说："我只为我自己生气，我怎么会到这地方来受这份罪？"

"连自己都不原谅的人怎么能心如止水？"高僧拂袖而去。过了一会儿，高僧又来问她："还生气吗？"

"不生气了。"妇人说，"为什么气？气也没有办法呀。""你

—3—

的气并未消逝,还压在心里,爆发后将会更加剧烈。"高僧又离开了。过了一段时间,高僧第三次来到门前,妇人告诉他:"我不生气了,因为不值得气。""还知道值不值得,可见心中还有衡量,还是有气。"高僧笑道。当高僧的身影迎着夕阳再次立在门外时,妇人问高僧:"大师,什么是气?"高僧将手中的茶水倾洒于地。妇人视之良久,顿悟,叩谢而去。

多年前曾广泛流传一首打油诗《莫生气》,其诗云:"人生就像一场戏,因为有缘才相聚。相扶到老不容易,是否更该去珍惜。为了小事发脾气,回头想想又何必。别人生气我不气,气出病来无人替。我若气死谁如意,况且伤神又费力。邻居亲朋不要比,儿孙琐事由他去。吃苦享乐在一起,神仙羡慕好伴侣。"生气是用别人的过错来惩罚自己的自残行为,这实在是太不应该了,所以希望那些爱生气发怒的朋友们能降一降火气。

> 人生所有的欢乐是创造的欢乐:爱情、天才、行动——全靠创造这一团烈火迸射出来。
>
> ——罗曼·罗兰

# 别因外表丑陋而苦恼

相貌是先天的,我们无法为自己选择,但我们不能因为相貌微瑕就为此失去自信,世上的事都不是绝对的,有些外表不美但智慧美、心灵美的人同样可以以其精神面貌成为强者。

战国时期的钟离春,是我国历史上有名的丑女。她额头向前凸、双眼内凹、鼻孔向上翻翘、头颅大、发稀少、皮肤黑红。她虽然模样难看，但志向远大，知识渊博。当时执政的齐宣王搞得政治腐败，国情昏暗，"朝政大厦，顷刻将毁"。钟离春为了拯救国家，冒着杀头的危险当面向齐宣王陈述国之劣政，并指出若再不悬崖勒马就会城破国亡。齐宣王听后大为震惊，把钟离春看成是自己的一面镜子。他认为有贤妻辅佐，自己的事业才会蒸蒸日上，正所谓妻贤夫才贵。于是，这个身边美女如云的国王，竟把钟离春封为了王后。

貌丑惊人的钟离春不以自己的容貌而自卑，用智慧美、品德美取代了相貌丑。她之所以那么大胆谏言，就是因为她自信。自信能给强者勇气、力量和智慧，使其敢于做别人不敢做甚至不敢想的事；自信可以使一个坐在轮椅上的残疾人与健康的同龄人并驾齐驱并超越健康人；自信可以使一个靠打工起家的女人成为富甲天下的老板……自信可以使人有骨气、挺起腰杆做人，面对强大的敌人毫无惧色，反而会使敌人胆怯。拥有自信，是成大事的女人的必备素质，也是人一生中最宝贵的财富。

一个女人的美与丑，并不在于她的相貌如何，而在于她的内心。

如果一个女人自以为是美的，她真的就会变美；如果她心里总是嘀咕自己一定是个丑八怪，她果真就会变得尖嘴猴腮，目瞪口呆，显出一脸傻相。

一个人如自惭形秽，那她就不会变成一个美人；同样，如果她不觉得自己聪明，那她就成不了聪明人；她不觉得自己心地善良，即使只是在心底隐隐地有这种感觉，那她也成不了善良的人。

有这么一个例子说明了同样的道理。心理学家从一班大学生中挑出一个最愚笨、最不招人喜欢的姑娘，并要求她的同学们改变以往对她的看法。在一个风和日丽的日子里，大家都争先恐后地照顾这位姑娘，向她献殷勤，陪送她回家，大家假戏真做地打心里认定她是位漂亮聪慧的姑娘。结果怎样呢？不到一年，这位姑娘就出落得妩媚婀娜，姿容动人，连她的举止也同以前判若两人。她高兴地对人们说：她获得了新生。确实，她并没有变成另一个人，然而在她的身上却展现出了每一个人都蕴藏的美，这种美只有当我们相信自己时，周围的所有人也才会相信。

近几年来，随着物质条件的不断优越，很多地方开始流行整容，这实在是追求美的误区，实在是一种女人极端不自信的表现。

有这样一个故事：一个老女人在梦中梦到了上帝。于是她便问："上帝啊，你能告诉我我能活到多大吗？"上帝告诉她，她还可以活几十年。老女人一觉醒来，觉得非常高兴。于是第二天，就去了整容院，做了一番"改造"。她想，反正是要活很久的，把自己变得漂亮一点不是很好吗？整容之后的女人果然变得漂亮极了，许多朋友都认不出她了。可是，在她整容后的第二年，她就被车子撞死了。老女人的灵魂上了天堂，她生气地质问上帝："你不是说我还可以活几十年吗？"上帝看了看她说："啊，原来是你，我刚才没有认出是你啊。"

这只是一个故事，而现实中却也不乏其真实的存在。一个女人和一个男人过着幸福而快乐的生活，但长期以来，这个女人一直都为自己的身材和相貌而感到自卑。即使其丈夫从来没有对她说过什么，但她内心始终结着一个心结。后来，女人对丈夫撒谎说单位派她出国深造，其实是她想到国外去整容。两年以后，当她兴致勃勃地回到家时，面对的是丈夫的默然和疑惑。两人别扭地生活了一段时间后，丈夫提出了离婚。女人困惑而苦恼，她没想到她为他去整容，可换来的却是离婚的结果。当她问丈夫为什么不喜欢现在美丽漂亮的她时，其丈夫说，在他眼里，妻子永远是那个身材有些臃肿，下巴长着一颗痣的女人，而绝不是眼前的她。

事实上，决定一个人美与否，主要不是外貌，而是心灵。一个人的外貌是无法选择的，而内在的美，却是可以由自己来塑造的。再美貌的女子，也无法牵住逝去的岁月，无法红颜永驻。而内心的美，却将随着岁月的增长，心灵的日益净化，而愈加显示出它的光华，受到人们的敬重。

> 一个人的生命是短暂的，而我的事业却无限的长久，个人尽管遭到不幸和许多痛苦，但是我们的劳动融合在集体的胜利里，这幸福有我的一份。只要我活一天，我一定为党为人民工作一天。什么是最大的幸福？毫不利己，专门利人。
>
> ——艾润生

## 凡事要看得开、看得透

生活中也有很多这样的例子，能勇敢地面对生活中的艰难险阻，却被小事搞得灰头土脸、垂头丧气。家务事虽小，再大的清官却也断不清。其实并非清官无能，这正是他们的高明之处。亲人之间，为一点点小事而反目成仇，实在是不应该，为何要给他们分个一清二白呢？就让他们糊涂到底吧，这样反而比分清谁是谁非更好。

此外，在生活中我们还经常见到许多人处于人生低谷时一味地抱怨、苦恼，大声地哭诉着生活对自己是如此的不公，长期沉溺其中不能自拔，终日被泪水和无奈的情绪包围着。其实，仔细想来，抱怨、折磨自己又有何用？只能徒增自己的痛苦，让自己堕落得更深、更惨罢了！

面对生活，有很多事情不能如己所愿，别人得到了幸运，你却与机会擦肩而过；别人获得了成功，你却陷入困境；别人一帆风顺，你却遭遇不幸……于是，你感叹生活是如此的刻薄，命运是如此的不公，时时刻刻陷入无穷无尽的烦恼之中。

其实，每个人都渴望得到事业的成功与幸福的生活，希望获得他人的尊重，但有时你会遭遇挫折，会遭遇别人的嘲弄与排挤，这就是生活！生活需要你面对自己的不幸与失意，需要你在人生低谷时奋起，需要你在痛苦时寻找快乐，在愤怒时选择冷静，在执迷时敢于放弃，在失意时学会忘记！人之所以能够主宰这个世界，并不是因为我们有强壮的身体，也不是因为我们有锋利的牙齿，而是因为我们有一个充满智慧的大脑，一个看开世事、不为小事烦恼的心态。

总而言之，只要我们能够以一种平和的心态对待生活中的一切琐事，那么，我们就会享受到生活本应有的快乐与幸福。凡事看得开、凡事看得透、凡事看得远、凡事看得准、凡事看得淡，运用我们的人生智慧，保持一种超然淡泊而敏锐的心境，就必然不会再为小事而烦恼。

> 没有纯粹的快乐，生活中都会有烦恼掺杂进来。
> ——奥维德

## 烦恼皆由心生

周华健有一首名为《最近比较烦》的歌，深得人们喜爱，因为这首歌唱出了现代人的真实感受，唱出了多数人的心声。随着经济的发展，生活水平的不断提高，我们的感觉不是快乐与日俱增，却是凭空增加了许多烦恼，笑声越来越少。这又是为什么呢？

一个年轻人四处寻找解脱烦恼的秘诀。他见山脚下绿草丛中一个牧童在那里悠闲地吹着笛子，十分逍遥自在。年轻人便上前询问："你那么快活，难道没有烦恼吗？"

牧童说："骑在牛背上，笛子一吹，什么烦恼也没有了。"

年轻人试了试，烦恼仍在。于是他只好继续寻找。

他来到一条小河边，见一老翁正专注地钓鱼，神情怡然，面带喜色，于是便上前问道："您能如此投入地钓鱼，难道心中没有什么烦恼吗？"

老翁笑着说："静下心来钓鱼，什么烦恼都忘记了。"

年轻人试了试，却总是放不下心中的烦恼，静不下心来。于是他又往前走。他在山洞中遇见一位面带笑容的长者，便又向他讨教解脱烦恼的秘诀。

老年人笑着问道："有谁捆住你没有？"

年轻人答道："没有啊！"

老年人说："既然没人捆住你，又何谈解脱呢？"

年轻人想了想，恍然大悟，原来他是被自己设置的心理牢

-9-

笼束缚捆绑了。

生活中，为了满足各种欲望，我们整日劳苦奔波，身不得闲，而心灵欲念膨胀，被杂念纠缠，故亦不得闲，烦恼便由此而生。所以说，烦恼皆由心生。

佛教禅宗第二代传人慧可曾向达摩祖师诉说他内心的不安，希望达摩祖师能帮他把心静下来。达摩祖师让他拿心来，才肯替他安心。慧可找了半天回答说没找到，达摩祖师说："我已经为你安心了。"

真的，心在哪里呢？心都不可得，哪里还有可得的烦恼？心是烦恼的关键。现代人一心追逐名利，心中充满欲望，整天患得患失，自然会有烦恼。

> 深沉的烦恼、苦闷和痛苦比浅薄和廉价的快乐毕竟要幸福些。
>
> ——赵鑫珊

## 学点争吵的艺术

生活中什么样的人都有，因此吵吵闹闹、生气上火也就在所难免。但是一味地和别人争吵，伤害的可能不是别人而是自己了。

俗话说"气大伤身"，和别人出现矛盾时，当然是相互让一步为好，毕竟两虎相争，必有一伤嘛！如果争吵成为解决问题的唯一方法，到了不吵不行的地步时，那你不妨学习一点争吵的艺术。

争吵既然不能避免，就要吵得有意义、有价值。比如，争吵时就事论事，不做人身攻击，事情有个双方都愿意接受的结论时就停止，勿让情绪蔓延。最好一方能以幽默的方式让争吵圆满结束。如果夫妻争吵，最好能把握好争吵的时间长度、吵架的模式和结束方式，并且吵过就算了，不能记仇记恨。

生活中，常有一些人特别固执己见，十分容易为小事情同别人争论，而且火药味浓烈。这时候就要学会给别人台阶下，得理的一方应当有宰相的度量，最好能够一方面解释一方面调和，即使争吵也不要用过激的语言，最好使用不带刺激性的"各打五十大板"或者"你好我好"的语言形式，以避免冲突的扩大。

很多时候，人与人之间的相互发火，是因为互不了解、有失沟通造成的。这时候得理的一方就需要及时跟对方沟通，千万不要因对方的错怪而以怒制怒。最好的方式是多加解释、设法沟通或者道歉、劝慰，与对方达成谅解或共识。例如，一个病人在医院排队看病，他手中的报纸都看完一遍了，队伍却还没挪动一步。于是他怒火万丈，敲着值班室的窗户对值班人员大喊："你们这是什么医院？这么多人排队你们看不见吗？为什么不想办法解决？我下午还有急事呢！"值班人员面对病人的怒火，耐心解释说："很抱歉，让你久等了，是这样的，医生去抢救一个危重病人，一时脱不了身。我再打电话问问，看看他还要多久才能回来。谢谢你的耐心等候。"患者排半天队得不到及时诊治，责任并不在值班人员，但是面对病人的错怪，他却沉住气，一面解释一面安慰，这就比以怒制怒、相互争吵的回答好得多。

在陷入与别人的争吵当中时，不妨转移注意力，突然停止争吵，做一件事，使对方惊喜，这可能更适用于夫妻之间的争吵。例如，一个小伙子和他的女友出去玩，在路上他不停地开玩笑，结果一不小心揭了女友的短。女友生气了,大声和他吵了起来,小伙子怎么劝也没有用。最后,他灵机一动,忽然跑到对面商店,买了一瓶饮料,递给她说:"你先喝完这瓶饮料,润润嗓子,然后再和我吵,免得你嗓子不好受,好吗?"看着他拙劣又可笑的动作,女友的气一下子就全消了。

争吵也是一门艺术,而这门艺术的核心所在就是:抱着一颗平常心,得饶人处且饶人。只有这样,才能化干戈为玉帛,减少不必要的争吵。

> 忧郁是因为自己无能,烦恼是由于欲望得不到满足。
> ——大仲马

# 不要为小事而动怒

当我们集中精力追求自己的梦想时,生活中的烦恼便会大大减少,便不会再为小事疯狂,因为我们在自己梦想的追求中得到了自我价值的实现,就不在乎身边这些丁点儿的麻烦事了。

有一个人夜里做了个梦,在梦中,他看到一位头戴白帽、脚穿白鞋、腰佩黑剑的壮士,大声地斥责他,并向他的脸上吐口水,吓得他立刻从梦中惊醒过来。次日,他闷闷不乐地对朋友说:"我自小到大从未受过别人的侮辱,但昨夜梦里却被人辱骂并吐了口水,我心有不甘,一定要找出这个人来,否则我将一死了之。"于是,他每天一早起来,便站在人潮熙攘的十字路口,寻找梦中的敌人。几个星期过去了,他仍然找不到这个人。结果，他竟自刎而死。

看到这个故事，你也许会嘲笑主人公的愚蠢，做梦乃是一件极其稀松平常的小事，做噩梦也是常有的事，怎么能为此而大动干戈呢？可生活中就有许多人为小事而疯狂，为一点小事而和别人闹翻脸，甚至大打出手，这样的例子经常在街上都能看到。

中国有句古话说："九层之台，起于累土；千里之堤，溃于蚁穴。"有的时候，事情虽小，但杀伤力却很强，小则破坏人的好心情，大则可以让人前功尽弃，甚至送命。历史上有多少大风大浪都过来了，却在阴沟里翻船的例子啊！今天不也正在上演着一幕幕这样的悲剧吗？

因此，别为小事抓狂，对待一些委屈和难堪的遭遇，在内心转变成另一种心情，以健康积极的态度去化解这一切。如果能从中得到更大的益处，不也是另一种收获吗？这不是比到处记恨别人，处处结下冤家强吗？有一则小故事说，有一个人经过一棵椰子树，一只猴子从上面丢了一个椰子下来，打中了他的头，这人摸了摸肿起来的头，然后把椰子捡起来，喝了椰子汁，吃了椰肉，最后还用椰壳做了个碗。

我们之所以对小事缺乏足够的承受能力，说明我们没有把精力放在更为重要的事情上，因此，面对生活中的烦恼，我们首先要问自己："这是我生活中至关重要的事情吗？为此花费时间与精力值得吗？"

> 因寒冷而打战的人，最能体会到阳光的温暖。经历了人生烦恼的人，最懂得生命的可贵。
>
> ——惠特曼

## 别因自身的缺陷而恼恨

司芬克斯的鼻子胜过嘴,维纳斯的断臂胜过腿。

你是否一直都在追求完美无缺,追求完美的生活、完美的人格、完美的生命。其实缺陷也是一种美,但往往被人们忽视了。在人们心中,无缺口的富士山是完美的,假如你绕"富士山"一圈,认识它的全貌以后,你就会发现,有缺口的富士山更美丽些。

著名的维纳斯雕像,就是因为"断臂"才魅力无穷的。曾有好心人将她的手臂根据自己的想象做了修补,可看见的人却都说这不是维纳斯了,因为失去了她那种"残缺的美"。

法国著名雕塑家罗丹在完成巴尔扎克雕像后,一群学生看到那极富魅力的双手,都称赞道:"这双手太美了!"罗丹听罢,沉思许久,最后拿起斧子,砍掉了那双"太美的手"。他解释说,有了这双完美但又显得"过于突出"的手,有损于人物全貌,从而失去了"本质的人"。可见,残缺而真实的神韵,往往胜过完整无缺的外表华美;为求全而补上残缺,有时反而弄巧成拙,破坏了真实的美感。

很多人都看过谢尔·希尔弗斯坦画的名为《缺失的一角》的寓言。

由于缺了一角,它总是不快乐,于是动身去寻找那失落的一角。它唱着歌向前滚动,其间有苦有乐。它因为缺了一角,不能滚得太快,它和小虫说话,闻花香,蝴蝶还站在它头上跳舞。它经历了很多,也碰到很多失落的一角,可是有的太小,有的太大,有的太尖,有的太钝……终于,它找到了恰到好处的一角,太合适了!它高兴极了,因为它再也不缺一角了,它滚得很快,快得都不能停下来了,它不能和小虫说话,也不能闻花香,蝴蝶也站不到它头上了……它累了,于是把那一角轻轻放下了,从容地向前滚动着……

我们每个人都是缺少了一角的圆,那缺失的一角,也许不够可爱,但那也是生命的一部分,我们要正视它的存在。正因为我们缺失了那一角,我们必须去认识、去找寻、去完善,那样才会丰富多彩。如果我们生下来就很完美,没有缺失一角,那我们还真的不知道自己怎么发展、怎么完善,那我们一生都不会有什么太大的改变,也就没有多彩的人生了。

在生活中,很多人对一些缺憾不能正确地理解和认识,反而给予轻视甚至嘲讽,认为残疾是一种缺憾。2005年中央电视台春节联欢晚会上,21个聋哑演员将舞蹈《千手观音》演绎得天衣无缝、美轮美奂,震撼了所有观众,在中央电视台的元宵晚会上,《千手观音》被评为"我最喜爱的春节晚会节目歌舞类一等奖"。由无声世界里的人们带来的舞蹈《千手观音》,引发了长久的赞誉和惊叹,这又说明了什么,他们用自己的行动证明,残缺并不意味着生活不美好,残缺也是一种美。

曾长期担任菲律宾外长的罗慕洛身高只有一米六三,他也像其他人一样,常常为自己个子低矮而自惭形秽。他甚至穿过高跟鞋,但这种方式只能令他心里不舒服。他感到那是在掩耳盗铃,于是便把高跟鞋彻底扔掉。然而,也正是身材矮小促使他走向了成功。因而他说:"我愿下辈子还做矮人。"

1935年,罗慕洛应邀到圣母大学接受荣誉学位,并且发表演讲。同一天,高大的罗斯福也是演讲人之一。事后,罗斯福含笑对罗慕洛说:"你抢了美国总统的风头。"

1945年,联合国创立会议在旧金山举行。罗慕洛以无足轻重的菲律宾代表团团长身份，应邀发表演说。讲台几乎和他同样高。等大家都安静下来，罗慕洛庄严地说："我们就把这个会场当作最后的战场吧。"这时，全场陷入了静默，接着爆发出一阵热烈的掌声。最后，他以"维护尊严，言辞和思想比枪炮更有力量……唯一牢不可破的防线是互助互谅的防线"结束了这次演讲，全场掌声久久不息。

  事后，他分析："如果是高个子讲这些话，听众可能礼貌地鼓一下掌，但菲律宾那时离独立还有一年，自己又是矮子，由我来说，就会收到意想不到的效果。"

  就从那时起，小小的菲律宾国家就开始在联合国中被各国当作很有资格的国家了。也正是从那时起，罗慕洛认识到了矮个子比高个子更有着某方面的天赋。矮个子起初总被人轻视，但一旦爆发，就会一鸣惊人。

  无论你存在哪种缺陷，无论你是否完美，当你处在人生的低谷，因自己某方面的缺陷而自卑时，不妨对自己说："相信自己明天就会有所作为！"这样你就会突破残缺的障碍，让你的生命迸发出更耀眼的光彩。

  如果你能够认识到自己生活在一个有缺陷的世界中，并不断地追求进步，不断地克服缺陷，不断地超越缺陷，那才是真正认识了自己的生命价值。

---

> 只要活在这个世界上，不管衰老、病痛、穷困和监禁会给人怎样的烦恼和苦难，比起死的恐怖来，也就像天堂一样幸福了。
>
> ——莎士比亚

# 第二章
# 不较真，做心平气和的自己

太过较真，你累，别人也累。人无完人，物无无瑕。生活中如果太过于较真，只能用一个字来形容，那就是"累"。所以，别太较真，做一个心平气和的人。

# 看开点，放自己一马

你是不是心中也还怀着一股怒气呢？要知道这样受伤害最大的是你自己，何不看开点，放自己一马呢？莎士比亚曾告诫我们："使心地清净是青年人最大的诫命。"

从前，在威尼斯的一座高山顶上，住着一位年老的智者，至于他有多么的老，为什么会有那么多的智慧，没有一个人知道，人们只是盛传他能回答任何人的任何问题。有个调皮的小男孩并不以为然，甚至认为可以愚弄他，于是就抓来了一只小鸟放在手心，一脸诡笑地问老人："都说你能回答任何人提出的任何问题，那么请你告诉我，这只鸟是活的还是死的？"老人想了想，完全明白了这个孩子的意图，便毫不迟疑地说："孩子啊，如果我说这鸟是活的，你就会马上捏死它；如果我说它是死的呢，你就会放手让它飞走。孩子，你的手里掌握着生杀大权啊！"

同样的，我们每个人都应该牢牢地记住这句话，每个人的手里都握着关系成败与哀乐的大权。

一位朋友讲过他的一次经历：

一天下班后我乘中巴回家，车上的人很多，连过道上也站满了人。站在我面前的是一对恋人，他们亲热地挽着手，那女孩背对着我，她的背影看上去很标致，高挑、匀称、活力四射，她的头发是染过的，是最时髦的金黄色，穿着一条最流行的吊带裙，露出香肩，是一个典型的都市女孩，时尚、前卫、性感。

他们靠得很近，低声絮语着什么。女孩不时发出欢快笑声，笑声不加节制，好像是在向车上的人挑衅：你看，我比你们快乐得多！笑声引得许多人把目光投向他们，大家的目光里似乎有艳羡。不，我发觉他们的眼神里还有一种惊讶，难道女孩美得让人吃惊？我也有一种冲动，想看看女孩的脸，看看那张倾城的脸上洋溢着的幸福会是一种什么样子。但女孩没回头，她的眼里只有她的情人。

很巧，我和那对恋人在同一站下了车，这让我有机会看到女孩的脸，我的心里有些紧张，不知道自己将看到一个多么令人悦目的绝色美人。可就在我大步流星地赶上他们并回头观望时，我惊呆了，我也理解了在此之前车上那些惊诧的目光。我看到的是张什么样的脸啊！那是一张被烧坏了的脸，用"触目惊心"这个词来形容毫不夸张！真搞不清，这样的女孩居然会有那么快乐的心境。

朋友讲完他的故事后，深深地叹了口气感慨道："上帝真是公平的，他不但把霉运给了那个女孩，也把好心情给了她！"

其实掌控你心灵的，不是上帝，而是你自己。世上没有绝对幸福的人，只有不肯快乐的心。你必须掌握好自己的心舵，下达命令，来支配自己的命运。

你是否能够对准自己的心下达命令呢？倘若生气时就生气，悲伤时就悲伤，懒惰时就懒惰，这些只不过是顺其自然，并不是好现象。释迦牟尼说过："妥善调整过的自己，比世上任何君王更加尊贵。"由此可知，"妥善调整过的自己"，比什么都重要。任何时候都必须明朗、愉快、欢乐、有希望并勇敢地掌握好自己的心舵。

人常常会假想一些敌人，然后累积许多仇恨，使自己产生许多毒素，结果把自己活活毒死。

总之，快乐是自己的事情，只要愿意，我们可以随时运用手中的遥控器，将心灵的视窗调整到快乐频道。

> 不要预期烦恼，或者为可能永不发生的事情担心，要保持欢乐。
>
> ——富兰克林

## 甩去烦恼，笑去恩怨

生活在凡尘俗世，难免与人磕磕碰碰，难免遭别人误会猜疑。你的一念之差、你的一时之言，也许别人会加以放大和责难，你的认真、你的真诚，也许会被别人误解和中伤。如果非得以牙还牙拼个你死我活，如果非得为自己辩驳澄清，可能会导致两败俱伤。所以人生之所以会有很多烦恼，都是因为遇事不肯让他人一步，总觉得咽不下这口气。其实，这是很愚蠢的做法。

杨玢是宋朝时的一个尚书，年纪大了便退休在家，安度晚年。他家住宅宽敞、舒适，家族人丁兴旺。有一天，他在书桌旁，正要拿起《庄子》来读，他的几个侄子跑进来，大声说："不好了，我们家的旧宅被邻居侵占了一大半，不能饶他！"

杨玢听后，问："不要急，慢慢说，他们家侵占了我们家的旧宅地？"

"是的。"侄子们回答。

杨玢又问："他们家的宅子大还是我们家的宅子大？"侄

子们不知其意，说："当然是我们家宅子大。"

杨玢又问："他们占些我们家的旧宅地，于我们有何影响？"侄子们说："没有什么大影响，虽然如此，但他们不讲理，就不应该放过他们！"杨玢笑了。

过了一会儿，杨玢指着窗外的落叶，问他们："树叶长在树上时，那枝条是属于它的，秋天树叶枯黄了落在地上，这时树叶怎么想？"侄子们不明白他的意思。杨玢干脆说："我这么大岁数，总有一天要死的，你们也有老的一天，也有要死的一天，争那一点点宅地对你们有什么用？"侄子们恍然明白了杨玢讲的道理，说："我们原本要告他的，状子都写好了。"

侄子们呈上状子，他看后，拿起笔在状子上写了四句话："四邻侵我我从伊，毕竟须思未有时。试上含光殿基望，秋风秋草正离离。"

写罢，他再次对侄子们说："我的意思是在私利上要看透一些，遇事都要退一步，不要斤斤计较。"

人的一生，不可能事事如意、样样顺心，生活的路上总有沟沟坎坎。你的奋斗、你的付出，也许没有预期的回报；你的理想、你的目标，也许永远难以实现。如果抱着一份怀才不遇之心而愤愤不平，抱着一腔委屈而怨天尤人，难免让自己心态扭曲、心力交瘁。

适时地咽下一口气，潇洒地甩甩头发，悠然地轻轻一笑，甩去烦恼，笑去恩怨。你会发现，天仍然很蓝，生活依然很美好。

> 对于消除烦恼，工作远比威士忌更能奏效。
> ——毛姆

## 做人不可过于较真

人无完人，物无无瑕。人在生活中有时不要过于执着，能过就过，也许你会觉得失去了本应有的原则，但是生活如果太过于执着，只能用一个字给其定论，那就是"累"。

时间并不能治疗伤痛，只能淡化伤痛，让我们所经历过的一点一滴去填充、去淡化这伤痛。也许失去会让人伤心欲绝，但不正是因为这种失去才让我们懂得珍惜吗？不正是因为失去才懂得自己的需要吗？失失得得，得得失失，所以我们不能因为失去就总沉溺于痛苦当中，而是应该在失去后懂得正视自己。

一位教授在上心理咨询课时听到一位妇女这样抱怨："每当我丈夫从中间挤牙膏时，我就会疯狂！每个人都知道，应该从尾巴向前面开口处挤嘛！"

这个现象引起了教授的注意，为此，教授在全班做了一次调查，看看牙膏该怎么挤。基本上，似乎大家都明白，牙膏应由尾端挤向开口处。然而调查结果显示，只有约一半的同学知道应由尾端先挤；而其他一半的同学竟认为，牙膏应从中间开始挤压！

当然，重点并不是你从牙膏的什么地方开始挤，而是你应该将牙膏挤到牙刷上面，至于牙膏是如何附着到牙刷上的，事实上并不太重要。假使真的有问题，那应是从我们内心制造出来的！

希尔达称这种一成不变的行为方式为"模式"。"我们脑子里塞满了一堆惯性的动作和行为模式。"她解释道,"假使我们无法逃脱自己固有的思考及行为模式,在与别人相处、他人又希望来点不同的处境时,我们便会被激怒,且会变得跟周遭的人、事、物格格不入。"

当教授跟班上的同学们分享"模式"的概念时,同学们皆承认了自己一些荒唐好笑、刻板思考的模式:一位妇女竟为了卫生纸卷的方向"错误"而郁闷了半天,她只在卫生纸卷的方向是由墙边向外转时,才会感到满意;另外一位男士则说,每天早上他都会将车停在火车站的某一"特定"停车位,假使有一天别人无意中占了那个车位,他就会有种想法——"今天一定是个倒霉日";还有一位同学说,只要他的慢跑长袜被折叠的方式"错误",他就会冒出无名火。

希尔达告诉我们:"真正的解脱之道,就是找出你的模式,然后破除它。找一天开车上班时,挑些不同的路走走;给自己换个新发型;将房子里的家具换换风水……做任何可防止自己落入停滞不前境况的新鲜事。"

因此,教授建议那位寻找特定停车位的男士给自己一星期,每天都故意不停那"幸运停车位",看看会发生什么事。第二个星期他再次来上课时,脸上充满着闪亮的笑意,说:"我照着你的建议去做了!不但没有倒霉事发生,我甚至过了好几天的幸运日!

"现在我明白了,自己以往皆被固有的想法绑住,如今我已解脱,高兴停哪儿就停哪儿!"

其实,我们全都拥有自由的心灵,而且不会被任何事物所绑住,除非是我们自己认为;我们全都享有自由,不论汽车停在哪一个停车位,不论牙膏怎么挤。

活着——真实地活着——我们必须让自己跟周遭的人、事、物融合在一起。我们不能将自己局限于某种不变的形象下,或者认定每件事情只有单一的解决方案。

一位东方的哲学家曾说过:"快乐的秘诀在于'停止坚持自己的主张'。"

我们必须分辨清楚,到底是生活圈住了我们,还是我们自身狭隘的思维限制了自己。能实现快乐的唯一方式是不被任何事物所约束,而不受约束的唯一方式则是——管理好自己的思想。

> 最令人烦恼的事物往往可以使人摆脱烦恼。
> ——拉罗什夫科

# 何必跟人计较

在古老的西藏,有一个叫做爱地巴的人。每次生气或者和人发生争执的时候,他就以很快的速度跑回家去,绕着自己的房子和土地跑上3圈,然后坐在田地边使劲儿地喘气。爱地巴工作非常勤奋努力,因此他的房子越来越大,土地也越来越宽广。但不管房子有多大,只要他与人生气了,他还是会绕着房子和土地跑3圈。为什么爱地巴每次生气都这样做呢?

所有认识爱地巴的人,心里都非常疑惑,但是不管怎么问他,爱地巴都不愿意说明。直到后来有一天,爱地巴的房、地已经非常大了,而爱地巴也老得快走不动了,但他依然拄着拐杖艰难地绕着土地和房子走。等他好不容易走完3圈后,太阳都下山了。爱地巴坐在田边艰难地喘着气,他的孙子在他身边恳求他:"阿公,你年纪已经很大了,这附近也没有人比你的土地更宽广了，您别再像从前一样，一生气就绕着土地跑了！您可不可以告诉我，为什么您一生气就要绕着土地跑上3圈啊？"

爱地巴禁不起孙子的恳求，终于说出了隐藏在心中多年的秘密，他说："年轻的时候，我一和别人吵架、生气，就绕着房子和土地跑3圈，边跑边想，我的房子这么小，土地这么少，我哪有时间、哪有资格去跟人家生气，一想到这里，气马上就消了，于是就把所有时间用来努力工作。"

孙子又问道："阿公，你年纪大了，而且变成了最富有的人，为什么还要绕着房、地跑呢？"

爱地巴笑着说："我现在还是会生气，生气时绕着房、地走3圈，边走边想，我的房子这么大，土地这么多，我又何必跟人计较呢？一想到这儿，气立刻就消了。"

在生活中，不要过于计较个人的得失，也别常为一些鸡毛蒜皮的事而动辄发火，在人际关系、家庭和睦、邻里相处等问题上，要保持糊涂的态度，不要太过于较真，这样，人的一生才算是美好而愉快的一生。

> 短时期的挫折比短时间的成功好。
> ——毕达哥拉斯

# 太认真是一种错误

人生福祸相依，变化无常。年少气盛时，凡事斤斤计较，锱铢必较，这还情有可原。一个人年事渐长，阅历渐广，涵养渐深，对争取之事应看得淡些，凡事不必太认真，顺其自然最好。如果少年就能如此，那就可称得上少年老成了。

话说师徒二人东游，来到一个地方感觉腹中饥饿，师父就对徒弟说："前面有一家饭馆，你去讨点饭来。"徒弟领命就到了饭馆，说明来意。

那饭馆的主人说："要饭吃可以啊，不过我有个要求。"徒弟忙道："什么要求？"主人回答："我写一字，你若认识，我就请你们师徒吃饭，若不认识乱棍打出。"徒弟微微一笑："主人家，恕我不才，可我也跟师父多年。慢说一字，就是一篇文章又有何难？"主人也微微一笑："先别夸口，认完再说。"说罢拿笔写了一"真"字。徒弟哈哈大笑："主人家，你也太欺我无能了，我以为是什么难认之字，此字我5岁就识。"主人微笑问："此为何字？"徒弟回答说："不就是认真的'真'字吗？"店主冷笑一声："哼，无知之徒竟敢冒充大师门生，来人，乱棍打出。"

徒弟就这样回来见老师，说了经过。大师微微一笑："看来他是要为师前去不可。"说罢来到店前，说明来意。那店主一样写下"真"字。大师答曰："此字念'直八'。"那店主笑道："果是大师来到，请！"就这样吃完喝完不出一分钱走了。徒弟不懂啊，问道："师父，你不是教我们那字念'真'吗？什么时候变'直八'了？"大师微微一笑："有时候的事是认不得'真'啊。"

凡事不必太较真，夫妻生活中也是一样。俗话说：金无足赤，人无完人。作为夫妻，食的是人间烟火，谁也不可能完美无缺，所以双方都应当学会宽容对方的缺点，只要不是原则性的大问题，就不要求全责备，该装糊涂就装糊涂，该和稀泥就和稀泥。对方无意间带给你的小小伤害或不悦，不要放在心上或挂在嘴边，过去了的事就让它过去。适时地宽容对方，可以消除婚姻的阴影。

　　婚姻的密码在于"求大同，存小异"。有人比喻夫妻就像两块拼在一起的木板，双方的结合并非天衣无缝，质地和纹路也不尽相同。夫妻不会像两滴水一样，他们在性格、爱好、生活方式上都存在着差异，任何一方都不能用自己的特点去遮盖对方的特点，也不能按照自己的标准去塑造对方。夫妻双方应允许各自保留一块独具特色的"自留地"。

　　凡事不必太较真，如果太较真，由于人是相互作用的，你表现出一分敌意，他有可能还以2分，然后你则递增为3分，他又会还回来6分……把敌意换成善意，你会有多么大的收获啊。当"冤冤相报何时了"的双负，能转变成"相逢一笑泯恩仇"的双赢时，不是人生最大的成功吗？

　　对周围的环境、人事，假如你有看不惯的地方，不必棱角太露，过于显示自己的与众不同。喜怒不形于色，是保护自己的一种方式。

> 　　勇气是人类最重要的一种特质，倘若有了勇气，人类其他的特质自然也就具备了。
> 
> ——丘吉尔

## 小事不妨装"糊涂"

　　留一半清醒留一半醉，织一个美梦给自己，以你的心感受一份虚拟的真。倘若，在下一个黎明到来时，你会发觉那七彩的天空不过是你梦中偶尔的涂鸦,无须哭泣,至少你曾有过真切的心醉与心碎。

常言所说的"大事要清楚,小事要糊涂",即指对原则性问题要清楚,处理起来要有准则,而对生活中的一些小事,则不必认真计较。在日常生活中,我们对一些非原则性的不中听的话或看不惯的事,可以装作没听见、没看见,或是随听、随看、随忘,做到"三缄其口"。这种"小事糊涂"的做法,不仅是处世的一种态度,更是健康的秘诀之一。

世人都愿当智者,不愿做糊涂虫,更不会心甘情愿地由聪明而堕入糊涂。然而事实上,人世间凡事复杂善变,我们不可能把每一件事都搞得清清楚楚,而且有些事情越是清楚越是让人烦恼。所以古人有"大智若愚"和"难得糊涂"之说。

清代著名诗人、书画家郑板桥曾写过一个条幅:"难得糊涂"。条幅下面还有一段小字:"聪明难,糊涂难,由聪明转入糊涂更难……"当然,这里所讲的"糊涂"是指心理上的一种自我修养,意在劝人明白事理,胸怀开阔,宽以待人。所以真正的难得糊涂,是一种聪明升华之后的糊涂;是一种涵养,心中有数,不动声色;是一种气度,得道高深,超凡脱俗;是一种运筹,整体把握,不就事论事。一个人要是做到这些,他一定是最"糊涂"而又最聪明的人。

对一些生气烦恼也无济于事的情况,要学会糊涂对待。"糊涂"既可使矛盾冰消雪融,又可使紧张的气氛变得轻松、活泼,从而保持心理上的平衡,避免许多疾患的发生。当你处于困境时,"糊涂"一点能使你保持心胸坦然、精神愉快,减少对"大脑保卫系统"的不必要刺激,还可消除生理和心理上的痛苦和疲惫。

在男女的爱情中,更是需要难得糊涂。而当一段情感改变颜色——或疏远、或伤害、或背叛,总有一方会忍不住愤怒:"你曾经说过爱我到永远,原来你的话全是骗人的!"被质问的人常常会深感委屈:"我当时真的很爱你,真的是想和你同生共死,我没有骗你!"

真与假,无恒定。所谓的"真作假时假亦真,虚中有实实乃虚",人生在世,本就是在真真假假、迷迷糊糊中度过。如果你有佛的智慧,可以看透自己的来路去途,可以明了自己的生辰死日,可以观视你将遇未遇的一切人、一切事,生命,于你还有意义吗?活着的滋味,将比白开水更寡淡。

正因为人生中虚实难料、前程未卜,正因为人际交往中真假交错、爱恨更替,我们才会充满探究的兴致,追寻的意趣,在跌宕起伏间惊心动魄,才会在得到真情时倍加珍惜,博取成功时激情难抑。假设好坏成败早已注定,早已明晰,你的心即便不是进入漫长的冬眠期,也会变得迟钝,失去活力。

人生,因过程而精彩;生命,因感觉而真实。

> 没有一次争取是一劳永逸地完成的,争取是一种每天重复不断的行动,要一天又一天地坚持,不然就会消失。
> ——罗曼·罗兰

# 不带"放大镜"出门

有人说"做人要做糊涂人,做事要做精明事",这话一点不假,古代就有名言"水至清则无鱼,人至察则无徒"来表述这层意思。确实如此,尤其是在现如今利欲熏心的年代,如果人太较真了,就会对什么都看不惯,连一个朋友也容不下,最终会把自己封闭和孤立起来，失去与外界的沟通和交往。

　　桌面很平，但在高倍放大镜下就是凸凹不平的黄土高坡；居住的房间看起来干净卫生，但当阳光射进窗户时，就会看到许多粉尘和灰粒弥漫在空气当中。如果我们每天都带着放大镜和显微镜去看东西，恐怕世上没有多少可以吃的食物、可以喝的水和可以居住的环境了。如果用这种方式去看别人，世上也就没有美，人人都是一身的毛病，甚至都是十恶不赦的大坏蛋了。

　　人非圣贤，孰能无过，人活在世上难免要与别人打交道，对待别人的过失、缺陷，宽容大度一些，不要吹毛求疵、求全责备，可以求大同存小异，甚至可以糊涂一些。如果一味地要"明察秋毫"，眼里揉不得沙子，过分挑剔，连一些鸡毛蒜皮的小事都要去论个是非曲直，辩个输赢来，别人就会日渐疏远你，最终自己就变成了"孤家寡人"。

　　古今中外，凡能成就一番大事业者，无不具有海纳百川的雅量，容别人所不能容，忍别人所不能忍，善于求大同存小异，赢得大多数人的认可。他们豁达而不拘小节，善于从大处着眼；从长计议而不目光短浅，从不斤斤计较，拘泥于琐碎小事。

　　多数人仅仅是在一些小事上较真，例如，菜市场上，人们时常因为几角钱争得脸红脖子粗，不肯相让。至于一台电视2000元和2100元的100元差价，人们经常就会忽略掉，不去较真。

　　要真正做到不较真，不是件很容易的事，需要善解人意的思维方法。有位顾客总是抱怨他家附近超市的女服务员整天沉着脸，谁见她都觉得好像自己欠她200块钱似的。后来他的妻子打听到这位女服务员的真实情况。原来她的丈夫有外遇，整天不着家，上有老母瘫痪在床，下有七八岁的女儿患有先天的哮喘，自己也下岗了，每月只有二三百元的下岗工资，住在一间12平方米的小屋里，难怪她整天愁眉不展。明白了这些，这位顾客再也不计较她的态度了,而是想法去帮助她。

在公共场所,遇到了一些不顺心的事,也用不着去动肝火,其实也不值得去生气。素不相识的人不小心冒犯了你可能是有原因的,也许是各种各样的烦心事搅在一起了,致使他心情糟糕,甚至行为失控,偏巧又让你给撞上了……其实,只要对方不是做出有辱你人格或违法的事情,你就大可不必去跟他计较,而应该宽大为怀。假如跟别人较起真来,"刀对刀,枪对枪"地干起来,再弄出什么严重的事儿来,可真是太不值了。跟萍水相逢的人较真,实在不是明智之举;跟见识浅薄的人较真,无疑是降低自己做人的档次。

清官难断家务事,在家里更不要较真,否则真是愚不可及了。家人之间哪里有什么大是大非、原则立场可讲,动不动就搞得像阶级斗争似的,都是一家人,何至于此?所以在家庭琐事方面我们不妨糊涂一点,记住:家是用来讲爱的地方,不是用来讲理的地方。大事化小,小事化了,去和稀泥,当一个笑口常开的和事佬。有位智者说,大街上有人骂他,他连头也懒得回,他根本不想知道骂他的人是谁,因为人生短暂而宝贵,还有更重要的事情需要去做,何必为这种令人不快的事情去浪费时间呢?

所以,人们在各种事情上都应多一分"糊涂",少一分较真,千万别带着放大镜和显微镜去看待周围的人和事,这样,我们才有更多的时间和精力去做我们认为值得做的一些重要事情,这样我们成功的希望才会多一分,朋友的圈子也就能再扩大几分。

> 忍耐是一贴利于所有痛苦的膏药。
>
> ——塞万提斯

# 不为鸡毛蒜皮的事烦恼

做人应大气一点，别老计较鸡毛蒜皮的小事。要知道在小事上纠缠，是时间的浪费，也可以说就是生命的无端消耗。一个人虽不能玩世不恭、游戏人生，但也不能太较真，认死理。太认真了，就会对什么都看不惯，也就无法在这个社会上生存。

因为，在人际交往、工作、生活中可能发生的小错误很多，如有人将你的姓名搞错，或者在交谈的时候，把"三元钱一千克"说成是"四元钱一千克"、把"托尔斯泰"说成了"泰戈尔"等，诸如此类鸡毛蒜皮、无关大局的小错误，大可不必去当面纠正，假装没有发现好了。这是一个真正聪明的人做人的智慧。

一个人最想拥有的东西，就是这个人的大事。虽然很多事情都是从小事开始的，但是，只有专心致志地做大事，才有可能谈得上高效率。然而既有趣又悲哀的是，我们通常都能够很勇敢地应对生活里的那些大危机，却经常被一些小事情搞得垂头丧气。

在日常生活中，小事也会把人逼疯。例如，在仲裁过4万多件不愉快的婚姻案件之后，芝加哥大法官埃尔文·约翰逊就曾经说过："婚姻生活之所以不美满，最基本的原因通常都是一些小事情。"纽约的地方检察官派蒂·波森也说过："我们的刑事案件里，有一半以上都起因于一些很小的事情。"

怎样化解这些小事对我们情绪的干扰，并且使我们腾出情绪波动的时间用来工作呢？

最专制的沙皇俄国凯瑟琳女皇二世在厨子把饭做坏了的时候，通常只是付之一笑。美国第三十二任总统富兰克林·罗斯福与夫人刚刚结婚的时候，罗斯福夫人每天都在担心，因为她的新厨子饭做得很差。后来她说："可是如果事情发生在现在，我就会耸耸肩，把这事给忘了。"事实就是这样，"耸耸肩"就是一个好做法。

罗斯福夫人所言不差，而我们更要清清楚楚地说，在多数的时间里，我们要想克服被一些小事所引起的困扰，只要把目光转移一下就行了——让我们有一个新的、能够使我们开心一点的看法——如此一来，热水炉的响声，也可以被我们听成美妙的音乐。很多其他的小忧虑也是一样，我们不喜欢它们，结果弄得整个人很颓丧，原因只不过是我们不自知地夸大了那些小事的重要性。

当然，最重要的方法，就是果断地舍弃那些小事。

> 君志所向，一往无前，愈挫愈奋，再接再厉。
> ——孙中山

# 别跟自己较真

俗话说"福祸相依"，好事可能变成坏事，坏事也可能变成好事。所以，在得意的时候不要骄傲，在失意的时候不要气馁，这才是人生正确的选择。

"祸兮福之所倚，福兮祸之所伏"，这是老子《道德经》

里宣扬的一种辩证思想。基于这种辩证关系，我们可以明白，有时候即使看起来是很坏的"吃亏"，也会带来意想不到的收获。生活中此类事很常见，如果你是个要做大事的人，一定要懂得吃亏是福的道理。

美国亨利食品加工工业公司总经理亨利·霍金士先生，突然从化验室的报告单上发现，他们生产食品的配方中，起保鲜作用的添加剂有毒，虽然毒性不大，但长期服用还是会对身体有害。但如果不用添加剂，则又会影响食品的保鲜度。

亨利·霍金士考虑了一下，他认为对顾客应以诚相待，于是毅然把这一有损销量的事情当即向社会宣布。

这一下，霍金士面临了很大的压力，食品销路锐减不说，所有从事食品加工的老板都联合起来，用一切手段向他反扑，指责他别有用心，打击别人，抬高自己，他们一起抵制亨利公司的产品。亨利公司一下子到了濒临倒闭的边缘。

苦苦挣扎了4年之后，亨利·霍金士已濒临倾家荡产，但他的名声却家喻户晓。这时候，政府开始站出来支持霍金士了，亨利公司的产品又成了人们放心满意的热门货。

亨利公司在很短的时间里便恢复了元气，规模比最初扩大了两倍。亨利·霍金士也一举坐上了美国食品加工业的头把交椅。

生活中的聪明人，他们做事善于从吃亏当中学到智慧。"吃亏是福"也是一种哲学的思路，其前提有两个，一个是"知足"，另一个就是"安分"。"知足"让人会对一切都感到满意，对所得到的一切，内心充满感激之情；"安分"则使人从来不奢望那些根本就不可能得到的或者根本就不存在的东西。没有妄想，也就不会有邪念。

人非圣贤，谁都有七情六欲，但是，要成就大业，就得分清轻重缓急，该舍弃的就得忍痛割爱，该忍的就得从长计议。

在现实生活中，我们做事都要有"心计"，能够忍让，懂得吃亏，因为，塞翁失马，焉知非福，舍小是为了谋大。

> 如果你被自我彻底包围，就会举步维艰。
> ——凯特·霍尔沃森

## 有的时候需要难得糊涂

西汉大臣霍去病曾6次出击匈奴，为汉朝打通了通往西域的道路。霍去病出身贫寒，自小过着奴仆的生活，但没有失去自己的志向。

公元前123年，汉武帝考虑到霍去病精于骑马射箭，作战英武勇猛，于是下令，派大将军卫青挑800名精锐的骑兵归于霍去病的帐下，让其指挥出击匈奴。霍去病在带领骑兵作战中出奇制胜，活捉了单于的叔父、相国及将军多人，开战告捷，大快人心。在以后的抗击匈奴战争中霍去病又屡建奇功，汉武帝龙颜大悦，对他加官晋爵，大加赏赐。

这一年，汉武帝为霍去病建造了一座豪华的府邸，他带着霍去病参观了一遍，出门后以为霍去病会谢主隆恩。哪知，霍去病看着这些雕梁画栋、富丽堂皇的深宅大院后，对皇上深深地一拜，说道："多蒙皇上赐爱，匈奴一日不灭，去病一日不安，又何来雅兴享受荣华富贵，深居广厦呢？还望皇上多多包涵。"说完，翻身上马，朝军营奔去。汉武帝望着他远去的背影，一股暖流涌上心头。

见利让利这种态度常人认为你太糊涂，然而在背后，自然是名利双收，迈向更大的成功。

人是不可能没有欲望的。然而，在一般情况下，忍住显示自己才智的欲望，可以获得更多才能，保持不自满心态的同时也可以避免因为炫耀自己的才能，招致他人对自己的妒忌、攻击和陷害。

常听人说起难得糊涂，过于显露自己的才能和智慧，过分地招摇，首先会招致对自己的损害。大凡历史上的名人能人、英雄豪杰，都常常身怀绝技，但他们也都知道，"山外有山，天外有天，能人背后有能人"的道理，所以，要想赢得胜利，后发制人，就要深藏不露，大智若愚，大巧若拙。

全球最大的网上书店亚马逊公司的总裁杰夫·贝索斯小时候，经常在暑假随祖父母一起开车外出旅游。

贝索斯10岁那年，有一次在旅游途中，他看到一条反对吸烟的广告上说，吸烟者每吸一口烟，寿命就会缩短两分钟。看到这个，贝索斯想起自己的祖母也在吸烟，而且已经有30年的烟龄了。于是，他便自作聪明地开始计算祖母吸烟的次数。计算的结果是：祖母的寿命将因吸烟而缩短16年。小孩子无知，他得意地马上就把这个结果告诉了车里坐着的祖母，祖母伤心得放声大哭起来。

祖父见状，便把贝索斯叫下车，然后拍着他的肩膀说："孩子，总有一天你会明白，仁爱比聪明更难做到。"祖父的这句话虽然只有短短的19个字，却令贝索斯终生难忘。从那以后，他一直都按照祖父的教诲做人。

另外有一位学生刚刚从大学毕业，凭借自己的出色表现，很快在一家公司找到了工作。由于他的专业知识扎实，头脑又灵活，很快就适应了工作，获得了同事的羡慕和上司的赞扬。可他却有点恃才傲物，别人的事情，他都爱插手，虽然提的意见有时很有见地，但别人都不买他的账。有一次开会时，上司提了一个方案，他马上进行了反驳，并提出了自己的意见，上司表面上点头允许，心里却对他产生了怨恨。后来上司找了一个借口，将他辞退了。

真正聪明的人，不会自以为是，他们为人处世，以谦虚好学为荣。常以自己的无知或不如人而惭愧，希望能够得到更多的学习机会，向别人求教，丰富和完善自我是他们的目的。即使自己确有才智，也不会四处去出风头，不去刻意地炫耀或展示自己。

难得糊涂是一种很科学、很智慧、很艺术的为人处世之道，掌握起来真不容易，这才是"糊涂"之所以"难得"的原因，因为只有"大智"才能"若愚"。

我们自己为人处世是不是也该这样？一律糊涂，不可取；每事糊涂，要不得；该糊涂时则糊涂，能糊涂就糊涂；不该糊涂时则旗帜鲜明，执着坚持。

> 伤心，是一种最堪咀嚼的滋味。如果不经过这份疼痛——度日如年般的经过，不可能玩味其他人生的欣喜。
> ——三毛

## 有一种错误叫固执

在某个小村落，下了一场非常大的雨，洪水开始淹没全村，一位神父在教堂里祈祷，眼看洪水已经淹到他跪着的膝盖了。

一个救生员驾着舢板来到教堂，跟神父说："神父，赶快上来吧！不然洪水会把你淹死的！"神父说："不！我深信上帝会来救我的，你先去救别人好了。"

过了不久，洪水已经淹过神父的胸口了，神父只好勉强站在祭坛上。这时，又有一个警察开着快艇过来，跟神父说："神父，快上来，不然你真的会被淹死的！"神父说："不，我要守住我的教堂，我相信上帝一定会来救我的。你还是先去救别人好了。"

又过了一会儿，洪水已经把整个教堂淹没了，神父只好紧紧抓住教堂顶端的十字架。一架直升机缓缓地飞过来，飞行员丢下了绳梯之后大叫："神父，快上来，这是最后的机会了，我们可不愿意见到你被洪水淹死！！"神父还是意志坚定地说："不，我要守住我的教堂！上帝一定会来救我的。你还是先去救别人好了。上帝会与我同在的！！"

洪水滚滚而来，固执的神父终于被淹死了……神父上了天堂，见到上帝后很生气地质问："主啊，我终生奉献自己，战战兢兢地侍奉您，为什么您不肯救我！"上帝说："我怎么不肯救你？第一次，我派了舢板去救你，你不要，我以为你担心舢板危险；第二次，我又派一艘快艇去，你还是不要；第三次，我以国宾的礼仪待你，再派一架直升机去救你，结果你还是不愿意接受。所以，我以为你急着想要回到我的身边来，可以好好陪我。"

其实，生命中太多的障碍，皆是由于过度的固执。

有这样一则寓言：

有只乌鸦，口渴极了，可是附近没有水，只有一个被小孩丢弃的长颈小瓶里，盛有半瓶雨水。乌鸦伸过嘴去，可是瓶口很小，瓶颈很长，它喝不到。于是乌鸦想了一个办法，把一颗颗小石子投进瓶里去，这样，瓶里的水升高了，乌鸦很轻松地喝到了水。

第二章 不较真,做心平气和的自己

这件事,后来被寓言大师伊索写进了寓言,传遍了全世界,乌鸦也因此出了名,自然洋洋得意。

这只乌鸦是个有名的旅游爱好者。有一次,它飞到一个村庄去看热闹,这儿正发生干旱,溪水完全干了,田里裂开了缝。它渴极了,可是四处找不到水喝。忽然,它在村子后面发现了一口井,低头往里面一看,井口小,井很深,但井底有水,模模糊糊地映照出它站在井台上的身影。

它想试着飞下去,可几次都碰到井壁上,眼睛冒出金星,只好又回到井台上来。

忽然,它想到自己曾经"投石入瓶喝水"的光荣事迹,不禁高兴地叫道:"呱!呱!我怎么把这经验忘了?"

于是它用嘴衔来一颗颗石子,都投到了水井里,谁知投了半天,井水仍然没有上来,树上的喜鹊说:"喳喳!乌鸦先生,您别忙了,这是水井,不是您原先的那个长颈瓶子,怎么还是用那个老办法呢?喳喳!"

"你懂什么?呱呱!"乌鸦不屑地斜了喜鹊一眼,"我的方法是经过专家鉴定的,上过寓言作家的书本,到哪里都可以用,放之四海而皆准,怎么会'老'呢?哇!哇!"

乌鸦继续向井里投石子……

那结果,我想大家都会想得到了。

有一种错误,叫固执,思维定式一旦形成,有时是很悲哀的。这就是我们要不断学习新知识、新观念的原因之一:形势在不断变化,必须关注这些变化并调整自己的行为,一成不变的观念将带来毫无生机的局面。

有些人对于约定俗成的规则,通常都是严格遵循而不敢打破的。但如果你能对其多问几个"为什么",就会发觉其中会有不可理解也没有必要再存在的陋规。事物总是不断发展变化的,如果一成不变地凭老经验办事,不注意发现新情况,就免

-39-

不了会吃大亏。所以一个人要想在学习或事业上有所成就，就一定要有适应环境变化以及适应新环境的能力，否则，对于新生事物觉察不到，最终会被环境所逐渐淘汰。

一个民族最危险的是墨守成规，因循守旧，不敢变革；一个人最糟糕的是得过且过，不思进取。要打造生存的资本，就必须破除惰性，乐于接受各种新的挑战；要有实验精神，敢于改变固定的行事风格；主动前进，对每件事都要研究如何改善，对每件事都要定出更高的标准。为了改变我们的生存方式，增加我们的生存资本，我们就要敢于突破，敢于否定自己，敢于创造新生活。

创新的机会无处不在，无处不有。只有不断创新，才能持续成功！

> 潜水者若是想着鲨鱼的巨嘴就绝不可能采到宝贵的珍珠。
>
> ——萨迪

# 何苦庸人自扰

人们都说做人不能太较真，因为较真使我们失去了很多不应该浪费掉的时间，也失去了很多不应该失去的朋友。那到底什么才是较真呢？

其实，较真是指：一个人总是喜欢过分地把一件事情打破砂锅问到底，搞得清清楚楚、明明白白、真真切切，抓住事情就不放，一定要弄个水落石出，分出个一二三的一种行为、一种处世态度。可以说"较真"本身是件好事，但如果事事较真、时时较真那便失去了好的作用，最终会庸人自扰。老祖宗不是早就教导我们"适可而止"吗？不是早就说：什么事都要把握好一个"度"吗？所以说：有些事不必太较真！

丽和刚是很要好的朋友，丽已经结婚，拥有了自己温暖的家庭。而刚则是个单身青年，没有婚姻的束缚，显得很自由。一天，丽打电话给刚，问他："在地震发生时，你首先想到的是你的女朋友，还是你的父母？"因为刚目前还是单身，所以也没太在意这个问题，就嬉皮笑脸地回答："其实，对于这个问题，很简单，我没有女朋友，我肯定想到的是我的父母。"对于这个回答，丽显然很不满意，继续追问："假如你已经结婚，有了自己的老婆和孩子，你会先想到谁呢？"刚还是一副满不在乎的口吻，随口说道："我首先想到的是我的家人。"丽还是不满意这个回答，硬要问清楚"是老婆还是父母"。刚这次严肃地说道："真要分个一二三的话，肯定会先想到父母。""为什么呢？"丽疑惑地问道。刚说："房子没了，可以重新盖；老婆没了，可以重新娶；孩子没了，可以重新生；父母没了，就永远没了……"

丽听了刚的回答，略有所思，她说她的老公也是像刚那样回答她的，她听了很难过，觉得很失落，因为她在她老公心目中不是最重要的那个人。

听了丽的诉说，刚陷入了沉思。

也许只有丽的老公说首先想到的是她，她才不会那么伤心，但是，要是丽的公婆也像她那样较真，那她老公在父母、朋友心中不是成了不孝之徒了吗?

其实，人生当中没有那么多如果，没有那么多为什么，在有些时候，对于有些事情，我们不必太较真，不是非要分个清清楚楚，我们应该保持"难得糊涂"的处世态度。在刚对丽的

第二次回答中，刚已经回答得很好很全面了——"我首先想到的是我的家人"。家人就包括父母，包括老婆和孩子，所以丽又何必非要分个一二三，争个鱼死网破呢？

其实，凡事想开些后，这些问题都会迎刃而解的。丽在听了老公的回答后心虽不快，但是大可以来个"美丽的谎言"来处理这种尴尬的矛盾，她嘴上应该笑着说："老公，你真好，真是个孝子，我爱你！"她老公听了后，非常感激她的理解与支持——真是个好老婆，真体贴！于是他给她来个深情的拥抱。这样的结局岂不是更好吗？干吗非要在这个问题上分得清清楚楚，最后发生争执，弄得不欢而散呢？

小虎队有首歌叫《庸人自扰》，歌词非常好，其中有："一生得几回年少，又何苦庸人自扰……笑一笑往事随风飘。"

我们做人也要如歌词中唱的一样，不要太死板、太较真，否则就成了庸人自扰，很容易把自己孤立起来，走进死胡同，用我们的俗话说就是"钻牛角尖"，这样的人，还有谁会喜欢，还有谁愿意和他打交道呢？

> 如果错过了太阳时你流了泪，那么你也要错过群星了。
> ——泰戈尔

# 凡事不要太计较

人生的幸福不在于得到的多，而在于索取的少。凡事斤斤计较的人看似得到的比别人多，其实再多又有何用？当你离开这个世界的时候，还不是孑然一身？争来争去的无非是一些微不足道的事情而已。

《伊索寓言》上说："自己无法享受的事也无法让别人享受，这是一般人的通病。"

《盐铁论·毁学》中也有这样一句话："君子怀德，小人怀土；君子怀刑，小人怀惠。"意思是说作为君子，不要像小人一样太贪恋那点蝇头小利，用通俗点的话来说，就是不要太斤斤计较。

在人与人的交往中，谁都不喜欢那种将什么都分得清清楚楚，不让自己吃一点亏的人，因为这种人让别人觉得，与他交往非常累，自身什么亏也不吃，做事太过于认真。同样，在与亲戚交往中，有些人对亲戚要求十分苛刻，总是尽量想对自己有好处，一旦亲戚有了困难，却不去关心和帮助，甚至避而不见，这是典型的世俗习气，是不足取的。

亲戚交往，气量要大一些，切忌斤斤计较。不应该你给我半斤，我给你四两。而应该你敬我一尺，我敬你一丈。这样才有利于关系的密切发展。

朱德年轻的时候，特别注重与亲戚的关系。平时他总是为亲戚解决些困难，做些不计较个人得失的事情，使他的亲戚对他的印象非常好，彼此间的关系相处得非常不错。

朱德当时年轻力壮，很有几分气力，在每年的农忙季节，他总是很快地就把自家的庄稼给收完了。而这时，朱德并没有因此而停下来休息，他总是跑到其他亲戚的田地里帮忙，这样，一天下来，总累得他腰酸腿疼。可第二天，他又拿起工具，继续去亲戚的田地里帮收庄稼，从没有喊过累，也没有抱怨过。

有一次，朱德跑到一个表叔家去帮忙收庄稼，可这个表叔却是一个疑心特别重、很小心眼的人，看到朱德来帮忙，就怀疑他要趁机偷自己的庄稼，所以在朱德干活时，就不时地监视他的行动，特别是朱德要走的时候，还要偷偷地打开朱德带来放工具的筐子,检查是否拿走了什么东西。这一切朱德看在眼里,微微笑了一笑,然后说道:"表叔,活干完了,我走了,我妈等我回家吃饭呢!"

说完,背起筐子,挥挥手走了,表叔看到这一切,惭愧地摇了摇头,心里不由暗暗钦佩。

不斤斤计较,这就是朱德与亲戚处好关系的最根本原因。不计报酬地帮助别人,帮助别人也不声张,好心相帮,即使被怀疑也不抱怨。他如此大度,深受亲戚们的赞许,和亲戚们相处得很好。

有许多伟人为人处世都是如此。毕加索对冒充他的作品的假画,毫不在乎,从不追究,看到有伪造他的画时,最多只把伪造的签名涂掉。"我为什么要小题大做呢?"毕加索说,"作假画的人不是穷画家就是老朋友。我是西班牙人,不能和老朋友为难。而且那些鉴定真迹的专家也要吃饭,而我也没吃什么亏。"

雨果说:"世界上最宽阔的是海洋,比海洋更宽阔的是天空,比天空更宽阔的是人的心灵。"人心很大,可以包容一切。一颗宽容的心,能使浪子回头,能使坚冰融化,能带来宁静和坦然,能带走痛苦和仇恨。

> 在你生气的时候,如果你要讲话,先从一数到十;假如你非常愤怒,那就先数到一百然后再讲话。
> ——杰斐逊

# 第三章
# 宽宽心,做情绪稳定的自己

眉间放一字宽,看一段人世风光。放松心情,把自己的情绪稳定下来,淡看人生,笑看浮华。

## 改变自己，从心境开始

有一个人脾气很暴躁，常常因此得罪别人而懊恼不已，所以一直想将他暴躁的坏脾气改掉。后来，他决定好好修行，改变自己的脾气，于是花了许多钱，盖了一座庙，并且特地找人在庙门口写上"百忍寺"3个大字。这个人为了显示自己修行的诚心，每天都站在庙门口，一一向前来参拜的香客说明自己改过向善的心意。香客们听了他的说明，都十分钦佩他的良苦用心，也纷纷称赞他改变自己的决心。

这一天，他一如往常站在庙门口，向香客解释他建造百忍寺的意义时，其中一位年纪大的香客因为不认识字，而向这个修行者询问牌匾上到底是写了些什么。修行者回答香客说："牌匾上写的3个字是'百忍寺'。"香客没听清楚，于是再问了一次。这次，修行者的口气开始有些不耐烦："上面写的是'百忍寺'。"等到香客问第三次时，修行者已经按捺不住，很生气地回答："你是聋子啊？跟你说上面写的是'百忍寺'，你难道听不懂吗？"

香客听了，笑着说："你才不过说了3遍就忍受不了了，还建什么百忍寺呢？"

安禅何须山水地，灭却心头火自凉。生活就是心灵的修炼场，想要改变自己，应当从改变心境做起，而不是筑造虚华的水月道场。

> 一个聪明人干了一件蠢事，那就不会是一件小小的蠢事。
> ——歌德

## 拔出心中所有的钉子

在人生的河流里，没有不受伤的船。每个人都会在人生的旅途中受到或大或小的挫折，我们没有必要因为受到挫折而生气发怒，更不要因为挫折而把身边的人当成我们发泄的对象。控制好自己的情绪，不要随意向别人发泄。

在合适的场合要有合适的情绪表达，不可产生过激情绪或行为。这也许一般人都能做到。比如，在别人遭遇不幸的时候，如果你表现出非常高兴的情绪，则显然是不太合适的。还有就是不要轻易将自己消极的情绪带给身边的人，更不要轻易将别人变成自己的出气筒。如果我们不有意识地学会控制自己的情绪，而任由各种消极的情绪向他人宣泄，常常会给他人带来难以弥补的伤害：

有一个坏脾气的男孩，他经常因为小事而生气发火。在他15岁那天，父亲给了他一袋钉子，对他说："每当你发脾气的时候，就钉一根钉子在后院的围栏上。"男孩虽然有些不解，但仍是接过袋子，按照父亲的话去做了。

第一个月，这个男孩每天都钉十几根钉子；到了第二个月，他钉的钉子数量减少了，每天只钉下不到10根。慢慢地，男孩钉下钉子的数量越来越少，同时他发现控制自己的脾气比钉下那些钉子更容易。终于有一天，这个男孩再也不会失去耐心而乱发脾气了。他告诉父亲这件事，父亲又要求他从现在开始，每当他能控制自己脾气的时候，就拔出一根钉子。时间一天天过去，最后，男孩告诉他的父亲，他终于把所有的钉子都拔出来了。

父亲很高兴，牵着他的手，来到后院的围栏旁，温和地对他说："你做得很好，我的孩子。但是，看看围栏上的那些洞，这些栏杆永远不能恢复到从前的样子了。你生气的时候说过的那些话，就像那些钉子一样，在对方的心里留下了永久的伤口。话语的伤痛也像真实的伤痛一样，令人无法接受。"

在生活中，一时冲动说过的话，做过的事，往往会让我们后悔很久。学会控制自己的情绪，拔出心中所有的钉子，为别人开一扇窗，同时也给自己带来一片蔚蓝的天空。

> 个人意志（欲望）是永不知足的，满足一个愿望，接着就产生新的愿望，如此衍生不息，永无尽期。
>
> ——叔本华

# 欢笑养生法

笑声不仅可以解除忧愁，而且可以治疗各种病痛。微笑能加快肺部呼吸，增加肺活量，能促进血液循环，使血液获得更多的氧，从而更好地抵御各种病菌的入侵。

生理学家巴甫洛夫说过："忧愁悲伤能损坏身体，从而为各种疾病打开方便之门，可是愉快能使你肉体上和精神上的每一现象敏感活跃，能使你的体质增强。药物中最好的就是愉快和欢笑。"

笑声还可以治疗心理疾病。印度有位医生在国内开设了多家"欢笑诊所"，专门用各种各样的笑："哈哈"开怀大笑、"吃吃"抿嘴偷笑、抱着胳膊会心地微笑等来治疗心情压抑等各种疾病。在美国的一些公园里都辟有欢笑乐园，每天有许多男女老少在那里站成一圈，一遍遍地哈哈大笑，进行"欢笑晨练"。

笑还具有祛病保健、抗老延年的意义。伟大的生理学家巴甫洛夫认为："愉快可以使你对生命的每一跳动，对生活的每一印象都易于感受，不管躯体和精神上的愉快都是如此，可以使身体发展、身体强健。"美国出版的《笑有益于血液——幽默的医疗作用》一书中列举了笑能治疗多种疾病的科学道理，指出：笑能缓解颈部肌肉的紧张度，所以对头痛病特别有效。著名化学家法拉第因用脑过度，年老时经常头痛，他对症下"乐"地经常去看喜剧，被逗得大笑不已，最终头痛病不药而愈。

美国记者卡曾斯得了一种目前医学难以治疗的疾病，他也是在一次因为看喜剧片大笑镇痛的实践下，自己拟定了看喜剧影片——笑——吃饭——睡觉——笑的"治疗"方案。经过一段"治疗"，病情大有好转，10年后他已是个完全健康的人。评剧演员新凤霞在谈起情绪与疾病和健康的关系时，深有体会地告诫人们"不生气"是保健的秘诀。

所以，每个人都应学会以微笑面对生活。

> 当一个人专为自己打算的时候，他追求幸福的欲望只有在非常罕见的情况下才能得到满足，而且绝不是对己对人都有利。
> ——恩格斯

# 操纵好自己情绪的"转换器"

一名初探歌坛的歌手，他满怀信心地把自制的录音带寄给某位知名制作人。然后，他就日夜守候在电话机旁等候回音。

第一天，他因为满怀期望，所以情绪极好，逢人就大谈抱负。第十七天，他因为情况不明，所以情绪起伏，胡乱骂人。第三十七天，他因为前程未卜，所以情绪低落，闷不吭声。第五十七天，他因为期望落空，所以情绪坏透，拿起电话就骂人。没想到电话正是那位知名制作人打来的，他为此而毁了期望，自断了前程。

我们在为这名歌手深深惋惜的同时，也更深刻地明白了不良情绪带给人的危害。美国得克萨斯州立大学的史密斯教授，曾经针对受测者情绪的变化及其个人生理心理状态做了一个实验。

他在实验报告中指出：一般人情绪大多处在焦虑、愤怒、恐惧情况下，会有一种来自脑下腺的激素肾上腺皮质刺激素，分泌出来刺激肾上腺，因而影响受测者的生理状态。在这种情况下，受测者极易产生心跳加速、口干、胃部胀痛等生理现象。这种情形如果持续进行，就容易引起心脏病、高血压或胃溃疡等后遗症。

天有不测风云，人有旦夕祸福。日常生活中我们难免会遇到一些挫折、困苦等不愉快的事，而一味地生气、焦虑、怨恨，不但不会使事情好转，反而会严重地伤害我们的身心健康。

人不会永远都有好情绪，任何人遇到灾难，情绪都会受到一定的影响。这时，你一定要操纵好情绪的转换器。面对无法改变的不幸或无能为力的事，就抬起头来，对天大喊："这没有什么了不起，它不可能打败我。"或者耸耸肩，默默地告诉自己："忘掉它吧，这一切都会过去！"

被称为世界"剧坛女王"的拉莎·贝纳尔，突遇风暴，不幸在甲板上滚落，足部受了重伤。当她被推进手术室，面临锯腿的厄运时，突然念起自己所演过的一段台词。记者们以为她是为了缓和一下自己的紧张情绪，可她说："不是的，我是为了给医生和护士们打气。你瞧，他们不是太正儿八经了吗？"

拉莎·贝纳尔在面对无法抗拒的灾难时，没有恨天怨地，没有抱怨命运不公，相反，她勇敢地跳出悲伤、焦虑的圈子，重新燃起生活的激情。

一句"他们不是太正儿八经了吗"表明她说这话时，心中的情绪转换器一定调整到了最佳状态！拉莎手术圆满成功后，她虽然不能再演戏了，但她还能讲演，她的充满生命热情的讲演，使她的戏迷再次为她鼓掌。情绪是可以调适的，只要你操纵好情绪的转换器，随时提醒自己，鼓励自己，你就能让自己常常有好情绪。那么，当坏情绪突然来临时，如何调适，操纵好情绪的转换器呢？下面的方法可以供你参考：散散步，把不满的情绪发泄在散步上，尽量使心境平和，在平和的心境下，情绪就会慢慢缓和而轻松。

或者可以用繁忙的工作去补充、去转换，也可以通过参加有兴趣的活动去补充、去转换。如果这时有新的思想、新的意识突发出来，那些就是最佳的补充和转换。

> 朝一个方向前进，差不多是以从另一个方向后退作为代价的。
>
> ——罗曼·罗兰

# 别让紧绷的弦断裂

耶鲁大学心理学教授坎门博士提出，现今无论是在公共场合或是在私下里，发怒的现象都在日益增加，他说："这肯定是个'愤怒时代'——比历史上任何一个时期都严重。"

如果你对此有所怀疑的话,那么请观察一下,在加油站,若有一个司机把车插到另一辆车的前头会发生什么风波?如果在拥挤的电梯内,有人被另一个人推撞的话,场面将会如何?或者是在超级市场里,若有人在等候付钱的行列中插队,会有什么事发生?每个人的脾气显然就像点着的火种,能迅速燃烧起来!大多数人都越来越感到愤怒是一种潜伏的危险情绪,而且发怒时总是错的,果真是那样的吗?

为什么我们是易怒紧张的一代?或者就个人而言,为什么你有时要发脾气?为什么我们常常要发怒,而前人却不像我们这样?花几分钟时间,让我们来思考一下其中的原因。

坎门博士这样说道:"人们普遍有这样一种感觉:世界正逐渐包围他们,这么多的人几乎把他们吞噬掉了。他们感到无能为力。突然之间,他们怀疑任何一人都无法解决他们众多的问题,于是他们生气了。由于挫折、失败导致爆发怒气。"

大多数人都不懂得如何处理倒霉事件,就像一位名叫约翰的先生一样。有一次,他骑上他的拖拉车去山上打猎,半途中车子不知怎的突然不能前进,约翰试着修理了一会儿,但车子仍不听使唤,他修理的时间越长,就越感到失去了一次宝贵的打猎机会,于是他就更生气了。最后他的忍耐终于到达极限,他抽出他那把小型手枪朝车子一阵猛射,然后一脚把它踢落下山崖。有时我们也很想采取那种发泄方式,只是那样做经济上有点不太上算。

无可否认,现代人的生活节奏比以往任何时期都快,于是形成了一种张力,好像小提琴上的琴弦不断拉紧以至最后断裂。预期的目的未能实现——不管是在你的婚姻或是子女的生活中,或在学校里拿不到你应得的成绩,或是得不到该得的提升;所有这些及其他诸如此类的烦恼引起失望,一旦它得不到解脱,就会产生愤怒。我们把日程表安排得越来越满，直到有一天大动肝火之后才问自己："我干吗发这么大的脾气？"这很简单——你在短短的时间内要做的事情太多了，但你没有做好，事情出了点意外，于是你觉得懊恼，并因此而惭愧，因为你肯定"有修养的人"是不发怒的，而你却动怒，你就因此而讨厌自己了。

在人生旅途中，千万别因为小事而经常发怒，把心放宽，换个角度看问题，那么生活将不会有如此多的烦恼。

> 笑是一种没有副作用的镇静剂。
>
> ——格拉索

## 当怒则怒，当服则服

既会发怒，又难以被激怒；既适时发怒，又适可而止。这就是发怒的学问。最重要的是，在学习用发怒表示立场之前，先应该学会，在人人都认为我们会发怒的时候，能稳住自己，不发怒。

什么？发怒也要学习？

那当然了！生个气真有那么容易吗？

以前有一位刚从军队中退伍的士兵说过一个笑话。一位团长满面通红地对脸色发白的营长发脾气；营长回去，又满面通红地对脸色发白的连长冒火；连长回到连上，再满脸通红地对脸色发白的排长训话……

说到这儿，士兵一笑："我不知道他们的怒火是真的，还是假的。"

是真的，也是假的；当怒则怒，当服则服。

每次想到他说的画面，就让我想起电视上对日本企业的报道：职员们进入公司之后，不论才气多高，都由基层做起，先学习服从上面的领导。在熙来攘往的街头，一个人直挺挺地站着，不管人们投来的奇异的眼光，大声呼喊各种"老师"规定的句子。

他们在学习忍耐，忍耐清苦与干扰，把个性磨平，将脸皮磨厚，然后——他们在可发怒的时候，以严厉的声音训部属，也以不断鞠躬的方式听训话。怪不得美国人常说："在谈判桌上，你无法激怒他们，所以很难占日本人的便宜。"

怒是人生的一件必需品，发怒也是一种相互依赖。生物学中有一个简单的原理，即人天生就有自助能力。所有儿童天生会生气，这是一种健康的表现，是一种抗争或抗争反应。当父母对孩子不好或在情感上无意地忽视孩子时，孩子会用哭泣表示愤怒，但他们通常会压抑孩子合理的愤怒。父母不应该要求完美，应给予所有孩子表示生气的机会。对愤怒的压抑比创伤危害更大。像催眠曲中"噢……宝宝不要哭"这样的句子对父母倒很实用，而对孩子却没有益处。也许父母像孩子一样，不得不压抑愤怒，从愤怒恢复平和的心态对父母也同样适用。人们相互之间应形成相互依赖关系。这种关系是孩提时代所形成的依赖关系的再现，是在无意识的情况下为了宣泄受压抑的愤怒和忧伤而形成的。我们当中许多人都寻找过伙伴、雇主和朋友，他们使我们回忆起我们和父母的关系，而这些关系并不让我们感到愉快。

最糟时期过后，正常情绪得以恢复，最终得到持续的快乐。这种快乐不是一时的"情绪高涨"，而是被定义为远离焦虑和沮丧。我们又重新得到爱和被爱的能力。

积极的、具有攻击性生气情绪的人通常会吹毛求疵，而且不能被拒绝，所以和这样的人相处时，就如同走在蛋壳上一样。这种行为在很多时候，是一种自我表现的保护方式，保护他们在面对批评和拒绝时，不会感到痛苦。说白了，就是要面子。理智与情绪的争战也往往由此而生。是怒火压倒理性，还是理智更胜一筹，全看你是秉公还是徇私。

> 自敬，则人敬之；自慢，则人慢之。
> ——朱熹

## 驾驭好自己的情绪

中国传统的处世智慧非常强调克制和忍耐。在冲动性的情绪中以愤怒最为有害。一个人如果容易发脾气，那是对自己和他人的双重伤害。愤怒是一种比较难控制但又必须控制的消极情绪。如何才能消除自己的愤怒呢？传统的看法认为，发泄一下内心的盛怒就会觉得舒服，其实这是最糟糕的做法，因为勃然大怒将会刺激大脑唤起系统更加亢奋，使人的怒气更旺，无异于火上浇油，更难平息。

比较有效的方法应当是重新评价，即自觉地用比较积极的视角去重新看待使你生气的那件事。事实证明，换个角度对待使你生气的那件事，是极有效的息怒方法之一。

另外一种有效的息怒方法是独自走开，去冷静一下头脑，并且默默地对自己说，我正在气头上，如果我意气用事，或许会带来追悔莫及的后果。这对于在盛怒之下头脑不清的人尤为有效。

还有一种比较安全的做法是通过运动转移注意力。研究者发现，当一个人盛怒的时候，如果他出去散步或者骑车，就会冷静下来，因为运动分散了原来的注意力，把心理注意点转移到别的事情上去了。

事实上，愤怒是指当某人事与愿违时所表达出的一种惰性情绪反应，他的心理潜意识是期望世界上的一切事都要与自己的意愿相吻合，当事与愿违时便会怒不可遏。这当然是痴人说梦式的一厢情愿。其实，一个人便是一个世界，他有权决定自己说话和行事的方式。

所以，有人说在人生这个大舞台上，最难战胜的是自己。控制情绪，驾驭情绪，是很重要的一件事。当然我们也不必喜怒不形于色，让人觉得我们阴沉不可捉摸，但情绪的表现绝不可过度。

如果能恰当地掌握好情绪，那么将在别人心目中留下"沉稳、可信赖"的形象，虽然不一定因此获重用或者对事业有立竿见影的帮助，但总比不能控制自己情绪的人要好得多。

驾驭好自己的情绪，增强自控能力，是取得成功的一个重要因素，也是成功人生的重要法则之一。

> 自古圣贤皆贫贱，何况我辈孤且直。
>
> ——鲍照

# 不做易怒的"周瑜"

喧嚣的都市，快节奏的生活，一切都像在赛跑。生活在这样的环境中，人难免会发生情绪波动，难免会急躁，如果再碰上点不顺心的事，那发点脾气在所难免。喜怒哀乐，乃人之常情，无可非议，但如果不能很好地加以控制，而是听之任之，则会成为人生成功的一大障碍。

生活之中，我们感受周围的事物，形成我们的观念，作出我们的判断，无一不是由我们的心灵来进行。然而，不好的情绪常常干扰我们的心灵，使我们出现种种偏差。因此，成功的人能成功地驾驭情绪，而失败的人则是为情绪所驾驭。愤怒时，不能控制怒火，使周围的合作者望而却步；消沉时，放纵自己的萎靡，把许多稍纵即逝的机会白白浪费。

"气大伤身"，这真是句千古不变的真理。无论什么原因产生的愤怒，都会影响人的身体健康。现代医学认为，人发怒时，可导致消化系统的生理功能发生紊乱，体内的肾上腺激素含量显著增高，会导致心跳加快、冠状动脉痉挛、心肌缺血、心绞痛、心律失常等。总之，情绪失控有百害而无一利，发怒是拿别人的错误来惩罚自己。

我们不由得想起一位既能制己之怒，又能激他人之怒，以怒杀之的"情"场高手，那就是《三国演义》中的诸葛亮。在魏主曹叡封76岁的王朗为军师来战蜀兵的一段情节中，本想"只用一席话，管教诸葛亮拱手而降，蜀兵不战而退"的王朗，结果却被诸葛亮轻摇三寸之舌，给活活气死。诸葛亮三气周瑜，周瑜在恼恨暴怒之下，疾呼"既生瑜，何生亮"，最后口吐鲜血而亡的故事更是人人皆知。而"空城计"一节中，诸葛亮面对马谡街亭失守，蜀军连遭重挫，司马懿引十几万大军兵临城下的危急局面，竟然能够不急不躁，从容应对，仅一句"大势去矣"而已，然后引小童二人，携琴一张，于城上楼前凭栏而坐，焚香操琴，笑容可掬。虽为空城，琴声却丝毫不虚，使得司马懿以为城中有伏兵，诸葛军师胜券在握，不得不引兵急速退去，实在是高。

如何不生气，怎样不抱怨

发怒固然有损健康，但怒而不泄同样对健康无益。怒气如果不能及时得到排解，会对身体造成极大伤害。正确的态度是疏泄怒气，采用恰当的方法释放心中的怒气。当然，最好的方法还是制止怒气的产生。修身养性，学会宽容是制怒的最好方法。遇到不随意的事，沉着冷静，头脑清醒，保持理智，不感情用事，用平和的心态去面对突然的险境，才能使自己走出人生的低潮。

坏情绪会来也会去，没什么了不得，没什么好恐慌。轻松地面对它、接纳它，它会感谢你的盛情，不再打扰你。

> 一般来说，艰苦的生活一经变成了习惯，就会使愉快的感觉大为增加，而舒适的生活将会带来无限的烦恼。
>
> ——卢梭

## 情绪不随感情迁移

每个人都有七情六欲，自然也就会有对事物的喜欢与厌恶之情。凡是世间美好的东西，人人都喜欢，但这些东西毕竟有限，不可能人人都能得到。凡是那些丑恶的东西，人们总是想方设法地逃避，但是逃避并不能解决问题。如果逃避不成，那么一些人很有可能会产生愤怒的情绪。

在现实生活中，不免会遇到求人办事这样的问题。人们都说在求人办事时要谨慎行事，语气不能太强硬，否则不仅事没办成，反而会使双方造成误会，甚至是怒气冲天，这种后果显然不是人们所想要的。所以在求人办事的时候以及其他的各种场合，都需要有良好的心理素质，善于控制自己的情绪，以大度量适应不同的办事环境，从而做到遇激不动气，遇气不发怒。

有一个政党的领袖，正在指导一位准备参加参议员竞选的候选人，教他如何去获得多数人的选票。

这位领袖和那人约定："如果你违反我教给你的规则，你得被罚款 10 元。"

"行，没问题，什么时候开始？"

"就现在，马上就开始。"

"好，我教你的第一条规则是：无论人家怎么损你、骂你、指责你、批评你，你都不许发怒，无论人家说你什么坏话，你都得忍受。"

"这个容易，人家批评我，说我坏话，正好给我敲个警钟，我不会记在心中。"

"好的。我希望你能记住这个戒条，这是我教给你规则当中最重要的一条。不过，像你这种呆头呆脑的人，不知道什么时候才能记住。"

"什么！你居然说我……"那位候选人气急败坏道。

"拿来，10 块钱！"

"呀，我刚才破坏了你的戒条了吗？"

"当然，这条规则最重要，其余的规则也差不多。"

"你这个骗——"

"对不起，又是 10 块钱。"领袖摊手道。

"这 20 块钱也太容易赚了。"

"就是啊，你赶快拿出来，你自己答应的，你如果不给我，我就让你臭名远扬。"

"你这只狡猾的狐狸！"

"10 块钱，对不起，拿来。"

"呀，又是一次，好了，我以后不再发脾气了！"

"算了吧,我并不是真要你的钱,你出身贫寒,你父亲的声誉也坏透了!"

"你这个讨厌的恶棍。"

"看到了吧,又是10块钱,这回可不让你抵赖了。"这一次,那位候选人心服口服了。

这位领袖郑重地对他说:"现在你总该知道了吧,克制自己并不容易,你要随时留心,时时在意。10块钱倒是小事,要是你每发一次脾气就丢掉一张选票,那损失可就大了。"

这个小故事告诉我们,在求人办事的过程中,能不能控制来自外界的刺激所产生的情绪,对于办事的结果,有着举足轻重的作用。

喜怒哀乐都是人的情感,人的情感往往能够左右人的行动。当我们受到不公正的待遇时,怒气自然而然就会产生了。但是发怒会危害人的身体健康,而且在办事过程中,也很难和别人取得一致的意见,自然成功的道路就很艰难。所以在日常生活及职场工作中,对人都不要过分地表示出自己喜欢或厌恶的心态,不然可能会招来灾祸。

> 一个人被称为自私自利,并不是因为他追寻自己的利益,而是在于他经常忽略别人的利益。
>
> ——邓肯

# 第四章
# 降降压,做简单快乐的自己

释放压力,减轻身上的包袱,在你感到无助的时候,你会发现,拨开云雾就会看到彩虹。

# 释怀后的"又一村"

小柯原本是公司里的修理工，因为表现优异，不到半年的时间就被提升为领工，负责管理公司里所有大大小小的机械。

这么短的时间便获得如此的成绩，着实给小柯带来了不少压力。升任后，他一面积极参与公司里的各种事务，一面又担心自己的能力不足以承担如此重任。

午夜梦回时，小柯时常梦见公司出现了什么问题或错误，自己吓出一身冷汗，无一夜好眠，"焦虑"成了他最忠实的朋友。

一日，公司的4部牵引机同时发生故障，作业一度陷入瘫痪，小柯终日担忧的事情终于发生了，他完全不知所措，脑子里一片空白，只好请求上司的帮助，向他报告这突如其来的意外。

小柯心想发生了这样的事，上司一定会大发雷霆，自己的职位也将不保，因此抱着战战兢兢的心情，浑身发抖地来到了上司的面前。

想不到上司听了小柯的陈述之后，居然继续做他的事，连头也不抬一下，只是慢条斯理地对小柯说："这没什么大不了的，机器坏了，那就把它修好啊！"

小柯听了这番话，多日来的烦恼、恐惧全部一扫而空，是啊！兵来将挡，水来土掩，有什么解决不了的问题呢？于是小柯以极佳的效率，迅速修好了那4部发生故障的设备。

从此以后，他不再为焦虑所困扰，先前的压力也很快就没了，而且还迅速地适应了自己的工作，成为一名非常优秀的员工。

小柯杞人忧天，将心力投注在那些未知的事物上，使自己整天诚惶诚恐，压力越来越大，从而无法沉着地面对困难。

中国有句谚语"尽人事，听天命"，意思是说明天太遥远了，谁也不知道将会发生什么事，不如抛下压力，把握眼前，无论遇到多大的压力都要释怀，因为释放压力，才能柳暗花明又一村。

> 一个人必须剔除自己身上的顽固的私心，使自己的人格得到自由表现的权利。
>
> ——屠格涅夫

# 不生气不动怒，保持心理平衡

《菜根谭》中有这样两句话："宠辱不惊，闲看庭前花开花落；去留无意，漫观天上云卷云舒。"这个度量很大。梁启超给谢冰心写过："世事沧桑心事定，胸中海岳梦中飞。"世界上虽沧桑变化，我心事定，无论你怎么变化，我心里有数，心里各种烦恼的事啊，做一个梦，睡个觉就过去了，这就是度量。所以，无论受多大的挫折，都能保持心理平衡，不生气，不动怒。

生活中有许多不如意，大多源自比较。一味地、盲目地和别人比，造成了心理不平衡，而不平衡的心理使人处于一种极度不安的焦躁、矛盾、激愤之中，使人牢骚满腹，加重思想压力，甚至不思进取。表现在工作中就是得过且过，更有甚者会铤而走险，引火烧身。因此，我们必须保持心理平衡。以下几点建议，是走出心理失衡误区的钥匙：

如何不生气，怎样不抱怨

　　1. 学会比较。心理失衡，多是因为选择了错误的比较对象，总与比自己强的人比，总拿自己的弱点与别人的优点比。如果实在要比的话，就把和自己处于同一起跑线上的人当作比较对象，那生活中可能会少一些烦恼，多一些笑声。

　　2. 寻找自信。自信是心理平衡的基础。假如感到某方面不如别人，应相信自己是有才的，只不过是低估了自己的长处而已。当然，自信的前提是自己确有发光点。所以，平时应当练好基本功。

　　3. 自我发泄。你有权发火，怒而不宣可摧毁肌体的正常机能，导致体内毒素滋生，使人变得抑郁、消沉。适当的发泄可以排除内心怒气，重新鼓起生活的勇气。发泄的方法很多，可以向朋友、家人倾诉，还可以独处时怒吼，也可以对着某物打上几下，出出怒气。以前听说过某人在自己办公室里放了一盆沙子，愤怒时便用力去搓沙子，这样既不害人也不伤己，不失为发泄的一个好方法。

　　4. 寻找港湾。生活中需要一个能让自己"充电"、休养的港湾。无聊时去"充电"，烦恼时去放松，就像一只远航归来的帆船一样，在这宁静的港口及时得到休整。这个港湾可以是一间充满花香的"闺房"，可以是一个深造提高的培训班，也可以是一次独来独往的旅行。

　　5. 心底无私。命运的主宰是自己，树立自己的世界观、人生观，经常思考、检查自己的所作所为，自重、自省、自警、自励。心底无私天地宽，只要做好自己就是最大的胜利，就能获得最大的安慰。

　　6. 享受生活。生活是美好的，虽然生活中也会有风波，但更多的是温馨和美好。学会体会生活的美丽，学会享受自然的恩赐，学会欣赏别人，也学会自我欣赏。

　　7. 献出爱心。如果说人生是一只壁炉，那么爱心就是壁炉里的火焰，能够照亮我们每个人的胸膛，并且释放出巨大的热量——感恩。因此，献出爱心，学会感恩，将会让我们的人生走入更加美好的境地。

8. 复返自然。大自然如同母亲的胸怀一样博大，如同上帝的施舍一样慷慨。烦闷时不妨到外面走走，回归大自然。望着蔚蓝色的天空、朵朵的白云、潺潺的流水，听着那婉转的鸟鸣，心灵会慢慢趋于平静，快意感不经意间会涌上心头。

> 快乐没有本来就是坏的，但是有些快乐的产生者却带来了比快乐大许多倍的烦忧。
>
> ——伊壁鸠鲁

# 退一步，柳暗花明

生活中，有太多的事需要我们退一步，退一步才能拥有柳暗花明的豁然，退一步才能赢得海阔天空的豪迈，退一步才能摆脱"只缘身在此山中"的局限，退一步才能避免成为笼中之鸟的悲哀。圣人如此，更何况你呢？

流水在奔流入海的途中，需要退步绕行以冲出重围；运动员在三级跳远之前，需要退步助跑以跳得更远。所以，当你遇到困难时，退一步，或许你的人生会更加精彩。这条路虽然行不通，但是你还可以再寻找另一条路，人生没有死胡同。人生虽然短暂，但在这有限的时间里后面的路还很长。

智者曰："两弊相衡取其轻，两利相权取其重。"趋利避害，这也正是退一步的实质意义。

在欧洲，有一首流传很广的民谚："为了得到一根铁钉，我们失去了一块马蹄铁；为了得到一块马蹄铁，我们失去了一匹骏马；为了得到一匹骏马，我们失去了一名骑手；为了得到一名骑手，我们失去了一场战争的胜利。"

为了一根铁钉而输掉一场战争，这正是不懂得及早退一步，放弃一些东西的恶果。

生活中，有时不好的境遇会不期而至，搞得我们猝不及防，这时我们更要学会退一步。退后一步，放弃焦躁性急的心理，安然地等待生活的转机，杨绛在《干校六记》中所记述的，就是面对人生际遇所保持的一种适度的跳高。让自己对生活、对人生有一种超然的关照，即使我们达不到这种境界，我们也要学会退一步，争取活得洒脱一些。

人之一生，需要我们退一步的时候有很多，古人云，鱼和熊掌不可兼得。如果不是我们应该拥有的，我们就要果断地退一步，学会放弃。几十年的人生旅途，会有山山水水，风风雨雨，有所得也必然有所失，只有我们学会了退一步，我们才能拥有一份成熟，才会活得更加充实、坦然和轻松。

比如，大学毕业分离的那一刻，当同窗数载的朋友紧握双手，互相轻声说保重的时候，每个人都止不住泪流满面……放弃一段友谊固然会于心不忍，但是每个人毕竟都有各自的旅程，又怎能"长相厮守"呢？固守着一位朋友，只会挡住我们人生旅程的视线，让我们错过一些更为美好的人生山水。学会放弃，我们就有可能拥有更为广阔的友情天空。

放弃一段恋情也是困难的，尤其是放弃一段刻骨铭心的恋情。但是既然那段岁月已悠然遁去，既然那个背影已渐行渐远，又何必要在一个地点苦苦地守望呢？不如冷静地后退一步，学会放弃，一切又会柳暗花明。

在生活强迫我们必须付出惨痛的代价以前，主动放弃局部利益而保全整体利益是最明智的选择。

> 身体的健康很大程度上取决于精神的健康。
>
> ——约翰·格雷

## 不停地工作并非幸福的前兆

别以为不停地工作是一种幸福的前兆，是一种人生的优点。其实，工作与休息是相得益彰的，而且工作的同时，还需要有时间思考。有这样一个故事。

一个过路的人壮起胆子去问一个"卖鬼"的外乡人："你的鬼，一只卖多少钱？"

外乡人说："一只要200两黄金！"

"你这是搞什么鬼？要这么贵！它值这么多钱吗？"

外乡人说："你可不能这样说啊！我这鬼很稀有的。它是只巧鬼，任何事情只要主人吩咐，全都会做。很会工作，是只工作鬼，一天的工作量抵得上100人。你买回去只要很短的时间，不仅可以很快赚回200两黄金，还可以成为富翁呀！"

过路的人感到疑惑："这只鬼既然那么好，为什么你不自己使用呢？"

外乡人说："不瞒您说，这鬼万般皆好，唯一的缺点是，只要一开始工作，就永远不会停止。因为鬼不像人，是不需要睡觉休息的。所以您要24小时，从早到晚把所有的事情都吩咐好，不可以让它有任何空闲，只要一有空闲，它就会完全按照自己的意思工作。我自己家里的活儿有限，使唤不了这只鬼，才想把它卖给更需要的人！"

过路的人心想，自己的田地广大，家里有忙不完的事，就说："这哪里是缺点，实在是最大的优点呀！"

于是花200两黄金把鬼买回家，高高兴兴地成了鬼的主人。想着以后什么事也不用做，越想越得意。

主人叫鬼种田，没想到一大片地，两天就种完了。

主人叫鬼盖房子，没想到3天房子就盖好了。

主人叫鬼做木工装潢，没想到半天房子就装潢好了。

种地、搬运、挑担、推磨、炊煮、纺织，不论做什么，鬼都会做，而且很快就做好了。

短短一年，鬼主人就成了大富翁。

但是，主人变得和鬼一样忙碌，鬼是做个不停，主人是想个不停。他苦思冥想下一个指令，每当他想到一个困难的工作，例如，在一个核桃核里刻10只小舟，或在象牙球里刻9个象牙球，他都会欢喜不已，以为鬼要很久才会做好。

没想到，不论多么困难的事，鬼总是很快就做好了。

这可难为了主人，他再没有事情可让它做了。有一天，主人实在撑不住，累倒了，忘记吩咐鬼要做什么事。

鬼乱做一气，把主人的房子拆了，将地整平，把牛羊牲畜都杀了，一只一只地埋在田里，将财宝衣服全部磨成了粉末，再把主人的孩子杀了，丢到锅里炊煮……

正当鬼忙得不可开交时，主人从睡梦中惊醒，才发现一切都没有了。原来，永远不停地工作，真是它最大的缺点呀！主人后悔莫及，但是也无能为力。

通过上面的故事，我们可以看出：人的一生既要懂得工作也要懂得休息，否则非累死不可。即使工作再繁忙，也要做到劳逸结合，可趁工作的间隙做做广播体操、跳跳绳，活动一下筋骨。及时地自我调整心理状态，尽量减轻心理负担。感到压力过大时可做几个深呼吸。那么，如何正确地把握劳逸结合？劳逸结合这个词已经伴随了很多代人，但究竟什么才算是劳逸结合却很难有一个确切的定论。任何事物都有两面性，正所谓没有绝对的好，也没有绝对的不好。如果正确利用就能利大于弊，反之则会弊大于利。我个人的观点是，工作一定要有节制，适当的休息才能更好地工作。

> 健康的身体乃是灵魂的客厅，有病的身体则是灵魂的禁闭室。
>
> ——培根

# 转移情绪注意力

喜怒哀乐是人类的基本情绪，喜乐当然是一种好的、受人喜欢的情绪，哀怒虽不是什么好的情绪，但是人人都避免不了。人非圣贤，谁都不可能像圣人一样没有忧愁、烦恼的情绪。这种情绪可能是因为某件事情的不顺利引起的，也有可能是因为人的压力过大，无法释放而造成的。那么如何降低压力，缓解这种不好的情绪呢？这就要求我们要转移自己的注意力，不要把坏情绪集中在某件坏事情上。

## 1. 积极参加社会交往活动，培养社交兴趣

人是社会的一员，必须生活在社会群体之中，一个人要逐

渐学会理解和关心别人，一旦主动爱别人的能力提高了，就会感到生活在充满爱的世界里。如果一个人有许多知心朋友，就可以取得更多的社会支持，更重要的是可以感受到充足的社会安全感、信任感和激励感，从而增强生活、学习和工作的信心和力量，最大限度地减少心理危机感。

一个离群索居、孤芳自赏、生活在社会群体之外的人，是不可能获得心理健康的。随着核心家庭的增多，来自家庭的社会支持减少，因此走出家庭，扩大社会交往显得更有实际意义。

多取得身边资源。经理可以多找部属聊，同事之间也可互相讨论，激发出一个可执行的方案，执行时大家都有参与感。执行方案因为已纳入所有工作者的智慧，个人会有值得存在的价值感，减少不必要的失落。

### 2. 多找朋友倾诉，以疏泄郁闷情绪

生活和工作中难免会遇到令人不愉快和烦闷的事情，如果有好友听您诉说苦闷，那么压抑的心情就可能得到缓解或减轻，失去平衡的心理就可以恢复正常，并且得到来自朋友的情感支持和理解，可以获得新的思考，增强战胜困难的信心。

还可向自然环境转移，如郊游、爬山、游泳或在无人处高声叫喊等。也可积极参加各种活动，尤其是将自己的情感以艺术的手段表达出来。

### 3. 重视家庭生活，营造一个温馨和谐的家

家庭可以说是整个生活的基础，温暖和谐的家是家庭成员快乐的源泉、事业成功的保证。在此环境下成长的孩子，也利于其人格的发展。

如果夫妻不和、吵架，将会极大地破坏家庭气氛，影响夫妻的感情及其心理健康，而且也会极大地影响孩子的心灵。可

以说，不和谐的家庭经常制造心灵的不安与污染，对孩子的教育很不利。

　　理想的健康家庭模式，应该是所有成员都能轻松表达意见，相互讨论和协商，共同处理问题，相互供给情感上的支持，团结一致应付困难。每个人都应注重建立维持一个健全的家庭。社会可以说是个大家庭，一个人如果能很好地适应家庭中的人际关系，也可以很好地在社会中生存。

　　转移自己的注意力，从消极方面转到积极、有意义的方面，心情自然会豁然开朗。

> 人是他自己的生命的主宰，人也是他自己死亡的主宰。
> ——博尔赫斯

## 学会减压，适时调适自己

　　一批应届毕业生到国家某部实习参观，部里秘书给他们倒水时，22个同学中21个表情木然，一句普通的客气话都没有，有的还问："有绿茶吗？天太热了。"等到部长来看望，并亲自送给他们部里印的纪念手册时，这21个同学坐在那里一动不动，用一只手接过部长双手递过来的手册，弄得尴尬的部长"脸色越来越难看"。

　　唯独林晖与他们形成鲜明的对照。轮到他时，他轻声说："谢谢，大热天的，辛苦了。"当部长快要没耐心的时候，又是林晖礼貌地站起来，身体微倾，双手握住手册，恭敬地说了一声："谢谢您！"后来部里点名要林晖，连林晖自己都觉得吃惊。很多同学觉得他被选上是偶然走运。但偶然背后有必然，这个必然恰恰是他不经意表现出来的礼貌素养。

世上最大的敌人是自己，最难战胜的敌人也是自己。一不小心就打败了自己，这个敌人就不堪一击。思想道德的修养，可是需要一辈子注意、培养的。

激烈的竞争，生活节奏过快，精神压力过大，对于每个人来说，都是无法逃避的。

北京某广告公司设计师王某说，干这行的谁不是身心疲惫？她到公司两年，几乎每天加班，每天早晨不想起床，下了班瘫坐在电视机前，看不进去书，不愿听电话，不去做运动，不愿见朋友，没有时间与爱人交流，能不像抑郁者吗？"很多时候，我想抗议，我宁愿少拿一点钱，让自己有点私人空间，享受家庭的时光，我不觉得工作应该成为生活的全部，可是没有人这么想。大家都拼命干活，拼命挣钱，社会的评价标准难道是挣钱的多少吗？"

备受瞩目的 IT 界人士更让人担忧。这个行业人员的年轻化和竞争的残酷性都是最突出的，但现在整个社会都是技术至上论，对社会的了解，对自身的了解都被忽略了。

自"二战"以来，患忧郁症的人数已经翻了一倍；在美国，有 500 万人服用抗忧郁药，每年自杀人数是 30 万。但是这个像流感一样不时发作的疾病，为什么会如此频繁地光顾这个时代？

社会转型期人们对精神和物质追求的严重失衡，是导致诸多精神问题的根源。物极必反，人是精神实体的人，如果长期忽视自己的真实感受，问题就会出来。抑郁症其实不可怕，"抑郁"是人类正常情绪的一种，如果有强大的爱的力量支撑，完全可以走出来。这个爱包含着对自己的尊重和对外在世界的关爱。

社会上普遍存在一种观念误区：认为不遗余力地拼命工作

才是值得尊敬和有价值的。但很多人成功了,也感到自己枯竭了。所以,真正成熟的人懂得调适自己,劳逸结合,会宣泄,会娱乐,不迫使自己追求超乎能力的目标。

> 生命是一刹那的事实,而死是永久的事实。
> ——长谷川如

## 勇敢地面对人生境遇

在人生的旅途中,每个人都不可避免地会遇到一些令人不快的情况,我们不妨愉快地把它们当作一种既成事实加以接受,并且耐心地去适应它。当然,你也可以选择焦虑来毁了自己的生活,甚至把自己搞得精神崩溃,忧郁而终。

乔治五世在世时,命人在他居住的白金汉宫的墙壁上挂着这样一句话:"教我不要为月亮哭泣,也不要因错事后悔。"荷兰首都阿姆斯特丹有一座建于15世纪的老教堂,在它的废墟上留有一句类似的话:事情既然已经这样,就不会另有别样。

事实上,我们人类在无法改变既定事实的情况下,几乎都能很快接受任何一种难以接受的情形,或让自己慢慢适应,或者视而不见,把它当作本来如此。生活在俄勒冈州波特南的伊丽莎白·康娜莉,经过很多曲折之后终于领悟了这一点,下面是她讲述的自己的经历:

"在美国欢庆陆军在北非获得胜利的同一天,我接到国防部发来的一封电报,说我最爱的侄儿在战场上失踪了。不久,又来了一封证实他已经牺牲的电报。

"这个消息使我悲伤到了极点。在此之前,我一直觉得命运对我如此优待,我有一份理想的工作,凭着自己的努力养育了这个可爱的侄儿。在我看来,他集中了年轻人所应有的优点。我觉得自己的努力得到了最好的回报……然而,却收到了这样的电报,我万念俱灰,感到再也没有值得活下去的理由。于是,我开始漠视自己的工作,漠视朋友,我对一切都失去了兴趣。

"然而,就在我万念俱灰,准备辞职的时候,突然看到了一封我以前忘记看的信——那是我已经死去的侄儿寄来的信。那是在我母亲去世的时候,他给我写来的一封信。'当然我们都会想念她的,'那封信上说,'特别是你,不过我知道你会挺过去的,以你个人对生命的理解,对人生的看法,你肯定会挺过这一关的。我永远也不会忘记你教我的那些美丽的真理:不论活在哪里,不论我们距离有多远,我永远都会记得你教我的要笑对生活,要像一个男子汉一样承受所发生的一切'。

"我反复读着那封信,恍惚中觉得他就在我的身边,好像在对我说:'你为什么不照你教给我的办法去做呢?挺下去,不管发生什么事情,把你个人的悲伤藏在微笑底下,好好活下去,一切都会好起来的。'

"于是,我又开始工作,再也不对人冷漠无礼了。我一遍又一遍地告诉自己:'事情已经到了这个地步,我没有能力去改变,不过,我能够像他所希望的那样继续活下去。'我把所有的思想和精力都用在工作上,我写信给前方的士兵——别人的儿子。晚上,我参加成人教育班——要找出新的兴趣,结交新的朋友。我几乎不敢相信发生在我身上的种种变化。我不再为过去的那些事悲伤,现在我每天的生活都充满了快乐——就像侄儿希望我做的那样。"

伊丽莎白·康娜莉终于学会了接受和适应那些已经无法改

变的变故，从悲观厌世中解脱了出来。

很多时候，当事情还没有发生时，我们设想着无法承受。但是，当这件事已经变成了一种无法改变的现实时，我们却发现自己有能力应付它。这也许就是"置之死地而后生"的道理吧。布思·塔金德生前常说："人生加诸于我的任何事情，我都能接受，除了瞎眼，那是我永远也没有办法忍受的。"

然而命运之神好像专和他作对，在塔金德六十多岁的时候，他的视力开始急剧下降，有一天他瞎了一只眼睛，另一只眼看东西也极为吃力，常感觉有黑斑在眼前晃动。他最恐惧的事情终于降临到自己的头上了。

面对这种"所有灾难里最难忍受的事"，塔金德自己都没有料到他还能那样开心地活下去，有时甚至还能借此幽默一下。以前，浮动的"黑斑"由于遮挡他的视线，总令他很难过，可是现在，当那些巨大的黑斑从他眼前晃过的时候，他却会微笑着说："嘿，又是黑斑老爷爷来了，不知道今天这么好的天气，它要到哪里去？"

塔金德完全失明之后，他说："我发现我能承受视力的丧失，就像一个人能承受任何事情一样。即便我五种感官全都丧失了，我相信我还能够继续生存于自己的思想之中，因为我们只有在思想里才能够看，只有在思想里才能够生活，无论我们能否明白这个问题。"

塔金德为了恢复视力，在一年之内接受了12次手术，这在常人看来简直是很难忍受的，在他必须接受手术时，他竟还试着使大家开心。"多么好啊，"他说，"多么妙啊，现代科学发展得如此之快，能够在人的眼睛这么纤细的部位动手术。"

普通人如果要在短时期内忍受12次手术，过着那种生不如死的生活，可能早就叫疾病折磨得奄奄一息了，可塔金德却十分乐观："我可不愿意把这次经验拿去换一些更开心的事情。"

这件事教会他如何接受突发的灾难,使他了解到生命带给他的一切他都能承受。由此使他领悟了约翰·弥尔顿说的:"瞎眼并不令人难过,难过的是你不能忍受瞎眼。"

如果发生的变故无论我们如何做也于事无补,这时我们可以尝试改变自己。这是不是说,在碰到任何挫折的时候,我们都应该低声下气呢?当然不是,那样就与宿命论者无异了。如果事情还有一点挽救的机会,我们就要去争取。可是当常识告诉我们,事情已经不可逆转——也不可能再有任何转机时,我们只能改变自己,让自己接受既成事实,来适应已改变的状况。

创设了潘氏连锁店的潘尼说:"哪怕我所有的钱都赔光了,我也不会忧虑,因为我看不出忧虑能让我得到什么。我会尽全力把工作做好,无论结果如何,我都欣然接受。"

的确,世界上没有谁能有超人的力量,既能抗拒不可避免的事实,又能创造崭新的生活。但是,你可以选择坦然接受,也可以因抗拒它们而忧郁至死。

当初,制造轮胎的人想要制造出一种能够抵抗路上的颠簸的轮胎,然而这种轮胎并不耐用。于是,他们研制出一种能顺应路面颠簸的轮胎来,以吸收路上所碰到的各种压力,这样的轮胎果真十分经久耐用。在曲折的人生旅途上,假如我们也能够承受所有的挫折和不顺,我们就能够活得更加长久,也能享受到更美的人生之旅!

有些事情,既然已经无法挽回,不如勇敢地面对。在这个纷繁复杂、困扰和压力与日俱增的时代,我们更需要放松紧张的心情,学会快乐地生活。

> 人的一生可能燃烧也可能腐朽,我不能腐朽,我愿意燃烧起来!
>
> ——奥斯特洛夫斯基

# 想方设法为自己减压

在国外一些公园里,早晨会看到许多人拥抱大树。其实,这是他们用来减轻心理压力的一种方法。随着现代生活节奏的加快,许多人长期处于高度紧张之中,承受着沉重的心理压力,从而影响身体健康。这时,就需要敞开胸怀,释放压力,亲近自然,回归自然,让自己在拥抱大树的同时,也拥抱自己的心灵。

天底下没有无所不能的超人,更不可能事事都有完美的结局。要正确面对社会现实,看到社会成员之间存在地位上的不平等,存在待遇上的差距,承认差别,努力去缩小与别人的差距。寻找自己可以胜任并且感觉愉快的事情去做,全身心投入,别太计较得失。每个人都有自己的长处短处,只有积极有为,勤奋才能补拙,不要担心不如别人,要自己接受自己,确立一种自强、自信、自立的心态。爱拼才会赢固然没错,可是并不表示凡事都得争取第一,暂时把工作和荣辱等放一旁,尽量在轻松的玩乐中找回自己。在讲工作效率的当今社会,很多人都把工作视为生活的重心之一,常常忽略个人的休闲活动。如要身心健康,适当的娱乐休闲不可缺少。

如果可以让自己的生活充满乐趣,过得无忧无虑,那又何乐而不为呢?让快乐进入你的生活,让微笑常写在你的脸上。把生活中的压力、烦恼罗列出来,然后一个一个地击破,你会有一种轻松、愉快的感觉。积极参加各种自己感兴趣的业余活动,扭转目前的心情。比如,与朋友联欢、聚餐等。别将事情往心里藏,

### 如何不生气，怎样不抱怨

找个有爱心又信得过的好朋友，把所有的不愉快向对方倾诉，使心理取得平衡。别因芝麻绿豆的小事而耿耿于怀，徒增烦恼。多读一些圣贤哲理与名人传记，名人之所以成功，就是因为他们能从挫折中走出来。圣贤的思想与足迹能给我们许多启示。读书解愁，在书的世界遨游时，一切忧愁悲伤便抛诸脑后，烟消云散。或者看看电影，听听音乐，都是很好的"发泄"途径。

压抑会产生厌倦、懒惰的行为，越是懒于动手做事，越容易发生心理危机。这时候，最好积极地做些富有建设性的工作，比如，列出一个学习、生活日程表，不论大小事情都列入其中，并认真、专心地去做，一旦成功地完成一项工作，心里就会踏实得多。

如果你很顽固，看书、听音乐、看电影都不能将你从压力中暂时解脱，那你再去尝试着玩玩拼图游戏、做做园艺、干些家务，或重新粉刷房子，改变家里的摆设等等。"健康的人格寓于健康的身体"，坚持锻炼身体是一个不错的方法。多进行一些呼吸性的锻炼，例如散步、慢跑、游泳和骑车等，呼吸新鲜空气，会让人信心倍增，精力充沛，从而消除紧张、焦虑的心情。与其将不满的情绪深埋心底，不如用有效的途径使自己忘掉烦恼。

你也可以主动帮助别人，为他人效劳，帮助别人解决困难，在减轻压力的同时，也可使自己感到满足和有成就感。

如果这些还是不能帮你，那你还有一种选择——哭！哭能缓解压力，释放感情，会使人觉得心胸平静。"男儿有泪不轻弹"未免说得太苛刻了，有人不是唱着"男人哭吧哭吧不是罪"吗？所以，不管男人女人，如果想哭，就放声哭吧！

> 当你的希望一个个落空，你也要坚定，要沉着！
> ——朗费罗

# 第五章
# 消消气,做淡定自如的自己

气大伤身,把愤怒等一些坏情绪关在门外。珍惜每一天,过一种淡然的生活,让自己活在幸福快乐中。

# 背负合适的压力

生活中，常常听有人抱怨活得太辛苦，压力太大，其实，这往往是因为我们在还没有衡量清楚自己的能力、兴趣、经验之前，便给自己在人生各个路段设下了过高的目标，这个目标不是根据个人实际情况制定的，而是和他人比较制定的，所以每天为了完成目标，不得不背着责任的包袱去生活，不得不忍受辛苦和疲惫的折磨。

人首先要为自己负责任。有的人不顾实际情况，要求自己必须考上名牌大学，必须学热门专业，认为这是自己的责任，只有这样才算完美的人生。许多大学毕业生不愿去基层，不愿去艰苦地区，就是因为他们人生的背篓中背负有太多的责任。这种以私利为出发点的个人抱负，已蜕变为一个包袱压在人身上，让人喘不过气来。可有人却乐此不疲。

人们常说："什么事都归咎于他人是不好的行为。"但真的是这样吗？许多人动不动就把错误归咎于自己，其实这也是不正确的观念。比如说，有的人因孩子学习不好而整天苦恼，因孩子没考上大学而内疚。其实，只要自己尽力去为孩子做了该做的一切，因为其他原因而落榜，怎么能把责任归到自己身上呢？再者说，塞翁失马又焉知非福呢？说不定孩子能在其他方面有所成就呢。

了解自己，做你自己，就不必勉强自己，不必掩饰自己，也不会因背负太重的责任包袱而扭曲自己。如此，就能少一些精神束缚,多几分心灵的舒展;就能少一点自责,多几分人生的快乐。

有的人对自己和社会格格不入的个性感到相当烦恼,可是后来把它想成:这种个性是与生俱来的,是上天所赐予的,并非自己努力不够。这样一想,也就不再责备自己,不再烦恼了。

生活中有许多不快乐与抱怨生活烦闷、感到人生不顺的时候,应该让自己明智一点,不要用"高标准"去为难自己,卸掉自己背负的沉重包袱,不再折磨自己。

歌德曾经说过:"责任就是对自己要求去做的事情有一种爱。"只有认清了在这个世界上要做的事情,认真去做自己喜爱的事,我们就会有收获。

> 相信生活,它给人的教益比任何一本书籍都好。
> ——歌德

# 别触碰"生气"这根导火线

培根说:"冲动,就像地雷,碰到任何东西都一同毁灭。"如果你不注意培养自己冷静理智、心平气和的性情,培养交往中必需的沉着,一旦碰到"导火线"就暴跳如雷,情绪失控,就会把你最好的人生全都炸掉,最后只会让自己陷入悔恨的境地。

南南的爸爸妈妈大吵了一架,起因是妈妈放在自己外套里的 300 元钱不见了,妈妈认定是爸爸拿的,但爸爸却不承认。下班后,爸爸直接去保姆家接南南,保姆一边帮南南穿衣服,一边说:"昨天我给南南洗衣服,从她口袋里找出 300 元钱,都被我洗湿了,晾在……"没等保姆把话说完,爸爸立刻就把南南拽了过去,狠狠打了她两个耳光,南南的嘴角立刻流血了。"你竟敢偷钱!害得我和你妈妈大吵了一架,这样坏的孩子不要算了!"他丢下南南掉头就走了。南南根本不知道发生了什么事,只觉得脸很痛就哭了起来。保姆对南南妈妈说:"你家先生也太急躁了,不等我把话说完就打孩子,这么小的孩子哪知道偷钱啊!100元钱对她来说就是张花纸,一定是她拿着玩时顺手放到口袋里的。"南南被妈妈抱回家,却总是不停地哭闹,妈妈只好带她去医院做检查。

　　检查结果让夫妻俩完全呆住了:孩子的左耳完全失去听力,右耳只有一点听力,将来得戴助听器生活。由于失去听力,孩子的平衡感会很差,同时她的语言表达能力也将受到严重影响。

　　南南的爸爸简直痛不欲生,他一时冲动打出的两个巴掌竟然毁了女儿的一生,他永远也无法原谅自己,并将终生背负着对女儿的愧疚。

　　愚蠢的行为大多是在手脚动得比大脑还快的时候产生的。每位父亲都是爱自己的孩子的,南南的爸爸也一定为女儿设想过前途,想过女儿美好的未来,但冲动却使他亲手毁了这一切。

　　在遇到与自己的主观意愿发生冲突的事情时,若能冷静地想一想,不仓促行事,也就不会有冲动,更不会在事后追悔莫及了。

　　大多数成功者,都是对情绪能够收放自如的人。这时,情绪已经不仅仅是一种感情的表达,更是一种重要的生存智慧。如果控制不住自己的情绪,随心所欲,就可能带来毁灭性的灾难。情绪控制得好,则可以帮你化险为夷。

　　所以,你要学会控制自己的冲动,学会审时度势,千万不能放纵自己。每个人都有冲动的时候,尽管它是一种很难控制的情绪。但不管怎样,你一定要牢牢控制住它。否则,一点细小的疏忽,就可能贻害无穷。

第五章 消消气，做淡定自如的自己

> 行为举止是一面镜子，人人在其中显示自己的形象。
> ——歌德

## 别生气，气坏身体无人替

经常生气是百病之源。心理学认为，生气是一种不良情绪，是消极的心境，它会使人闷闷不乐，低沉阴郁，进而破坏人与人之间的相互关系，阻碍情感交流，导致内疚与沮丧。医生经常告诫心脏病和高血压病患者，避免刺激，不要激动，更不能生气发火。因为人在激动、生气、发怒时，心跳加快、血压上升、血糖增加，血液会快速冲上头部，所以不仅损伤大脑，还会损伤精神。

愤怒是指某人在事与愿违时做出的一种惰性反应。它的形式有勃然大怒、敌意情绪、乱摔东西甚至怒目相视、沉默不语。它不仅仅是厌烦或生气，它的核心是惰性。愤怒使人陷入惰性，其起因往往是不切实际地期望大千世界要与自己的意愿相吻合。当事与愿违时，便会生气，甚至怒不可遏。

据统计，情绪低落、容易生气的人患癌症和神经衰弱的几率要比正常人大得多。愤怒像一种心理上的病毒，会使人重病缠身，一蹶不振，所以说经常生气、发怒就会影响身体健康，不利养生。从中医角度来看，生气至少有以下几大害处：

### 1. 伤肤

经常生闷气会让你的颜面憔悴、双眼浮肿、皱纹多生。当人生气时血液会大量涌向面部，此时血液中的氧气会减少、毒素会增多。因生气产生的毒素会刺激毛囊，使毛囊周围出现程度不等的深部炎症，因此而产生色斑等皮肤问题。

## 2. 伤肝

人处于气愤愁闷状态时，会导致肝气不畅、肝胆不和、肝部疼痛，使血糖升高，脂肪分解加强，血液和肝细胞内的毒素增加。

## 3. 伤神

生气会加快脑细胞衰老，减弱大脑功能，而且大量血液涌向大脑，会使脑血管的压力增加。气愤至极，可使大脑思维突破常规的活动，往往做出鲁莽或过激举动，反常行为又形成对大脑中枢的恶劣刺激，气血上冲，还会导致脑溢血。

如果经常性情绪不佳，生理上会失去平衡，五脏六腑会发生非理性的运动，免疫功能会随着情绪的波动而降低，甚至还有一些人因一时发怒而损害自己的生命，实在可悲可叹。

我们每个人在生气的时候，旁人总是在劝着说："别生气，气坏了身体怎么办！"每个人都知道生气对身体的危害，但当自己处在这个情境里时，却总是控制不住自己。人类最为可怕的不是无知，而是明知道此事的危害，却依然"痴心不改"。所以，奉劝那些对生气"痴迷"的人，放开心胸，大度一些，因为气坏身体无人能替。

> 先相信你自己，然后别人才会相信你。
> ——屠格涅夫

# 愤怒的"力量"

前面我们已经说到了"气大伤身",这真是句千古不变的真理。无论什么原因产生的愤怒,都会影响人的身体健康。

蓬莱市青年张某,只因购买的体育彩票号码与特等奖的号码相差一位数而与两百多万元的奖金失之交臂,一气之下,患了癔病,需住院治疗。

医学专家们告诉我们,生气首先伤害的是人身上最重要的器官——心脏。《美国医学会杂志》报道,具有仇恨、敌意、易发怒个性的青年,心脏动脉较容易提早硬化,最后导致心脏病。报道说,据一项在1985年起针对374名18岁至30岁男女进行的长期跟踪研究,发现个性较具敌意、仇恨及易怒的人,其心脏动脉硬化的概率较一般个性的青年高2.5倍。研究人员指出,在生气或愤怒的时候,人体内所分泌的压力荷尔蒙会令血压上升,使血小板凝结在一起,造成血管硬化。研究人员将一些导致罹患心脏病的因素,如吸烟、饮食习惯及运动等剔除,纯粹比较不同个性的人对心脏健康影响的差异,令这项研究颇具说服力。我国的中医学也印证了这一点。正如《黄帝内经》所说:"喜怒不节,则伤脏,脏伤则病起。"当人愤怒时,交感神经的兴奋性增强,从而促使心率加快、血压升高。所以经常发怒的人易患高血压、冠心病,而且易使病情加重,有的甚至危及生命。

人由于愤怒,也可导致食欲降低,或食而不化。经常如此,可使消化系统的生理功能发生紊乱。

愤怒还可影响人体的腺体分泌。如正在哺乳的母亲,由于

如何不生气，怎样不抱怨

发怒可使乳汁分泌减少或使其成分发生改变，这对婴儿是十分不利的。又如人在受了委屈、侮辱而发怒时，泪腺分泌增强，泣不成声。有的学者做过调查，发现儿童在愤怒时滴泪的占35%，在日常生活中妇女的这种情况更多见。再如，随着愤怒的程度和时间增加，唾液可由增加而变得枯竭。比如，有的人在争吵开始时唾沫星子飞溅，逐渐就变得口干舌燥，吵嚷声随之也慢慢消失了。此时人的唾液成分多会发生改变，即使是吃平时最喜欢吃的东西也会觉得味道不美。

另外，怒伤肝，人处于气愤愁闷状态时，易导致肝气不畅、肝胆不和、肝部疼痛；怒也伤肺，生气的人呼吸急促，可引起气逆、肺胀、气喘咳嗽；怒伤脾，气极忧虑，很伤脾胃；经常生气，可使肾气不畅，易致闭尿或尿失禁；怒伤神，生气时由于心情不能平静，难以入睡，致使神志恍惚，无精打采。

有一点不用说，生气的人样子是丑陋的。经常生闷气会让人颜面憔悴，皱纹增多，容貌超过实际年龄。

真是不说不知道，一说吓一跳。那些老爱生气的人可要注意了，说不定什么时候，在你发泄你对生活的不满的时候，疾病也会找上门来。

> 健康的身体乃是灵魂的客厅，有病的身体则是灵魂的禁闭室。
> ——培根

# 被活活气死的人

正常的人遇到不痛快的事，都难免要发点脾气。喜怒哀乐，人之常情，无可非议，但如不适当地控制自己的感情，盛怒之下，容易做出傻事、蠢事，过后连自己都后悔。一件再也平常不过的小事，会活活气死一个大活人。

在现代生活中，不乏生气、盛怒而身亡者。俗话说"一碗饭填不饱肚子，一口气能把人撑死"。人因怒而死亡的事屡见不鲜。某媒体就报道过一则"为300元生气，生病老汉拔掉针头拒绝进食竟饿死"的标题新闻。2002年10月5日上午，如皋市的6旬马老汉因旧病复发，被送至镇医院抢救。马老汉在昏迷中大小便失禁，儿子将脏裤子脱下，顺手扔到病房的角落里。老汉病体恢复后，被儿子接回家中调养。一日，老汉突然向儿子要那条脏裤子，说里面有300多元钱。儿子好不容易在医院垃圾堆里找到那条裤子，但没钱。老汉认为这钱被儿子和媳妇偷走了，一气之下，拔掉手上的针头，拒绝进食，任凭他人如何劝解也无济于事，每日只靠喝点井水维持。10月19日，马老汉终于被饥饿活活折磨而死。

怒往往由气而生，气怒损生是有一定的科学道理的。人之所以会被"气"死，这是因为当人发怒时，会出现心跳过速，特别是有高血压、心脏病的人，往往会因为发怒而引起心律失常，或是发生心肌梗死而导致残疾。怒气犹如人体中的一枚定时炸弹，随时都可酿成大祸。古人说的"怒从心头起，恶向胆边生"就是这个道理。

凡事皆有度，发怒也不能例外，特别是人到老年，就更应该注意疏导和理顺自己心中的气流。从人体保健学上看，老年人尤其要注意"制怒"。人老了，生理器官的机能都在减退，血管在硬化，血脂在增高，心脏日趋脆弱，肾上腺素减少，肝功能远不及青年那样的康健强盛。而"怒"，是一团喷出的火，是一柄呼啸出鞘的剑。俗话说"怒不可遏""怒从心头起"，它一突破理智的防线，犹如裂空而出的闪电，烧灼的是以自己生命为代价的健康。

> 人是他自己的生命的主宰,人也是他自己死亡的主宰。
>
> ——博尔赫斯

# 天才为什么会过早陨落

固然,怒火的宣泄会使你暂时解除或者缓解心理上的压力,给你带来安全感甚至痛快感,但你不能忽视它的一个直接后果,就是伤害。你的发泄是以身心受伤为代价的。当你把所有的不满付之行动后,伤害会随之而来。

普通人因一时发怒损害自己的生命令人可叹,而名人们因愤怒而一朝陨落尤其令人痛心。非欧几何的创立者小波利亚就是一颗过早陨落的新星。

1831年6月,小波利亚把他的论文《绝对空间的科学》寄给大数学家高斯,以征求高斯的意见,但不幸在途中遗失。1832年1月再寄去一份,高斯收到信和附录后非常吃惊。同年2月14日,高斯给老波利亚回信说,小波利亚具有"极高的天才",但却又说他不能称赞这篇论文,因为"称赞他等于称赞我自己,因为这一研究的所有内容,你的儿子所采用的方法和所达到的一些结果几乎全部和我的在30至35年前已开始的个人沉思相符合",并表示"关于我自己的著作,虽只有一小部分已经写好,但我的目标本来是终生不想发表的",因为"大多数人对那里所讨论的问题抱着不正确的态度",因而"怕引起某些人的喊声","现在,有了老朋友的儿子能把它发表出来,免得它同我一起被湮没,那是使我非常高兴的"。

第五章　消消气，做淡定自如的自己

然而，这位"青出于蓝而胜于蓝"的天才做梦也没想到，德高望重的数学大师竟然为了一己私欲，把他的论文束之高阁，并且"引用"了其中的一些理论原则。

久久不见高斯的回应，这使小波利亚感到十分失望。更为悲惨的是，小波利亚一直蒙在鼓里，对高斯所做的一切毫不知情。尽管高斯并没有发表关于非欧几何的论文，但他仍然认为，高斯这位"贪心的巨人"已经有意无意地剽窃了他的成果，剥夺了他创立非欧几何的优先权。堂堂的数学大师竟如此卑劣，小波利亚悲愤交加、痛心疾首、郁郁寡欢。这无论对他的身体还是他的心理都是极大的打击，使他的身心受到损害，严重地阻碍了他进一步研究的精力与欲望。当1848年他看到俄国数学家罗巴切夫斯基于1840年用德文写的、载有非欧几何成果的小册子《关于平行线理论的几何研究》之后，他更加恼怒，怀疑人人都与他作对，于是他决定抛弃一切数学研究，发誓不再发表任何数学论文。

在挫折、悲愤、贫困之中，小波利亚于1860年1月27日因肺炎在马洛斯发沙黑利悄然辞世。一颗新星就这样过早地陨落了。

这一事例让我们有了疑问：名人的火气比普通人更大吗？他们确实在情绪和心智上比普通人表现得更激烈一些，他们往往使自己的不良心绪得到进一步的强化，这是非同小可的。因为有了情绪及时疏泄、转移是很重要的，生气最忌讳的是压抑与强化，而小波利亚恰恰犯了这个忌讳。

怒气的强化与压抑会"波及无辜"，引起身心各方面的并发症，小波利亚的悲剧足以让我们警醒。

> 天才经常孤立地降生，有着孤独的命运。天才是不可能遗传的，天才经常有着自我表现摒弃的倾向。
>
> ——黑塞

## 给自己一面生活的镜子

生气的确会坏事。怒气,就像炸弹一样,是具有爆炸力的。和谐的生活就像一面镜子,让人有一种宁静感与温馨感,可是如果你向镜子投一块石头,那种哗啦声是极其刺耳的,有时候简直让人难以容忍。

有这么一家人,坐得好好的正在吃饭,拉着家常。不经意中谈起人有没有良心。那女主人突然对着她丈夫说出了一句:"我看你爹就没有良心。"

她丈夫一时觉着失了面子,又无言答对,便"哗啦"一声把饭桌掀翻了。夫妻二人动起手来,孩子们的哭叫声跟着四起,妻子见打不过丈夫,就开始砸锅摔碗,嘴里还不干净地骂着说:"谁也甭想吃饭啦!我叫你们过!"一边喊,一边摔,大人孩子浑身净是粥汤。可是过不了半晌,她一看到自己置买的那锅碗瓢勺都被砸个稀烂,就又掩面号啕大哭起来。好热闹的一场闹剧。

固然,生气的时候摔碎可以摔碎的东西,打破可以打破的物品是一种宣泄方式,但你有没有想过你摔碎的不仅是你的财物,更是你的生活?一块石头砸在镜子上,我们顶多"刺耳"一下,但一块石头砸在生活上,它就会留下"刺耳"的永久的回音。你的生活会被搞得一团糟。

然而,发泄了之后你就会痛快了吗?如果你的回答是"是",那么你在很大程度上在欺骗自己。生气的人在他们平静之后往往会为自己的行为而羞愧。惯于发怒的人,大多是理智渐渐错迷,灵魂为情感所操纵,打乱了自己的分析、判断的能力,使精神陷于混乱状态。那些发大脾气，气急败坏的人，他的眉毛竖起来，脸色青紫，浑身打战，就好似着了魔一般，说话语无伦次，是非颠倒，惹得人发笑，可是如果把他的形象用照相机拍摄下来，事后让他自己看看，他会大吃一惊，羞愧得要抱头伏案。

当一个人清醒与悔过的时候，他难以面对自己。

> 只有平庸的人们的生活才是空虚和无味的。
> ——车尔尼雪夫斯基

## "怒思祸"的生活智慧

有那么一些人，受了点窝囊气，又不便说出来，他们就气急恼火，用打自己的脸来表示愤怒。总之一句，愤怒使人失去理智，其结果往往是糟糕，甚至糟到不可收拾的地步。所以古人为了教导我们，留下了一句三字经："怒思祸"。

2002年11月22日早上7时左右，四川绵阳平政小区居民彭某开车出门时发现路被挖断，车辆无法通行，遂对正在沟槽上搭建临时通行钢桥的施工人员发脾气，最后竟然一时火起，情绪失控，抱起一块石头朝沟槽内砸去。只见"砰"地一声，彭某抛出的石头砸在了主供水管道上，水管当场被砸漏，自来水立即喷涌而出，吓得沟槽周围的人四散逃离。半小时后，沟槽就被漏出的自来水淹没，整个小区的两百余户居民和小区周围的数百户居民瞬间无水可用。由于断水事故发生在早上，平政小区和周围的许多居民早餐断炊，无法洗脸刷牙；而且正值冬天，抢修人员几乎是在冰冷的泥水里浸泡着。这个疯狂的举动真是害人不浅。

### 如何不生气，怎样不抱怨

事后，被请进警局的彭某说自己很后悔。

很多人也许没有经历过愤怒到极点的体验，那恰似火山爆发的急剧喷发感，人自身无法阻挡，但他们事后总会后悔。有时候生气伤害的不仅仅是你自己的身心、你的家庭，你还会破坏更多人的生活。当你的生气破坏与伤害足够严重的时候，我们说，那就是你的罪。

你没有理由着急生气，你却任意使性子，你就是在犯罪；如果你破口骂人，动手打人，那罪就更严重了。你应当尊重别人的人格，就如同自己希望别人尊重你一样。没有正当理由，你就没有权利向人动怒。如果是有权位的人，那你就是利用权威，犯渎职之罪。

罪过是不可饶恕的，因此我们有必要时时劝诫自己。清人石成金的《莫恼歌》对于你来说也许再合适不过："莫要恼，莫要恼，烦恼之人容易老。世间万事怎能全，可叹痴人愁不了。任何富贵与王侯，年年处处埋荒草。放着快活不会享，何苦自己寻烦恼。莫要恼，莫要恼，明日阴阳尚难保。双亲膝下俱承欢，一家大小都和好。粗布衣，菜饭饱，这个快活哪里讨。富贵荣华眼前花，何苦自己讨烦恼。"

> 一个人能对自己的行为完全负责，这并不是一件小事。
> ——高尔基

## 生气也不能破坏游戏规则

一个住在密西根州的人想移去一个在朋友院子里的树根，他决定使用家里存放的炸药。结果树根是除去了，但爆炸把树根变成一颗炮弹，顺势射到 163 英尺远，最后穿过一个邻居的屋顶。树根在屋顶上造成一个 3 英尺宽的大洞，劈开了屋椽，穿过了饭厅的天花板。

如果我们仔细反省，就会看到自己的举动就和那人一样。我们用粗暴的言语及行动去解决问题，结果是事与愿违，反而会越搞越糟。

我们的社会有它运行的秩序，任何人违背了就会搞得一团糟。可是有时候人们把自己"极为生气、以至于控制不住自己"作为自己的理由。但谁能例外呢？

违背了约定就要受惩罚。

南非特种部队是一支战略力量。南非特种部队的挑选程序号称当今世界最为严格的。参选者必须是南非公民，必须接受过学校教育；必须至少在部队、警队服役一年，或在预备役中待过一年；必须会说两种语言；年龄必须在 18~28 周岁之间。入选测试，主要包括所有身体测试和心理测试。身体方面的测试包括：两分钟内做完 67 个俯卧撑，18 分钟 3 公里全速跑。入选后，他们还得参加一流的海陆空训练，了解自己的任务是什么，掌握如何参加空中合作、水下作战、走过障碍物、丛林谋生、跟踪、破坏等作战战术。而心理测试方面，任何无自我控制能力或脾气暴躁的人都会被淘汰。

这就是游戏规则。任何游戏都有个规则。你可以批评它、怀疑它，但只要你参加这个游戏，就必须遵守这个规则。敢于超越这个规则的就要接受惩罚。固然有人可能宣称他可以不遵守规则参加游戏，因为他是天才。可在我们的社会中，尊重规则比爱护天才要重要得多。现代社会的基础就是尊重规则，而不是天才至上。

所以，生气不能是你破坏秩序、破坏游戏规则的借口。

> 一个能思想的人，才真是一个力量无边的人。
>
> ——巴尔扎克

# 化解愤怒情绪的方法

在日常生活中，人与人之间难免为了工作发生矛盾和争吵，产生怨气和怒气。职场也是一样，会产生小摩擦，不管因为什么，都会使你一天之中高兴不起来。经常情绪焦虑伤人又伤己，不仅影响人际关系，也影响身心健康。下面是一些化解愤怒情绪的小办法。

### 1. 意念控制法

在发火时，心中念念有词：别生气，别跟他一般见识，有什么天大的事要发这么大的火呢？

### 2. 回避矛盾法

如果与同事刚发生了激烈的争吵，大家都在气头上，容易引起进一步的争吵，最好暂时回避他，这样可以做到眼不见，心不烦，怒气自消。

### 3. 转移思想法

生气时，如果始终想着生气的事情，会越想越生气，越想越难过。相反，如果通过其他途径有意识地转移自己的思想，做一些自己喜欢的事情，比如，逗孩子玩，去商场购物，就可以转移大脑的兴奋点，让怒气在不知不觉中消失。

### 4. 主动释放法

把心中的不快找你的好朋友或亲人诉说一番，亲朋好友的理解和关心会让你如沐春风，化解心中的不良情绪，而你的不良情绪也不会传染给他人。

### 5. 文字排遣法

朋友和亲人都在忙自己的事情，一时找不到可靠的人诉说，可以把发怒的地点、原因和经过详详细细地写下来，描绘那个惹你生气的人的百般丑态，你会发现他并不如你想象中的那么可恶，甚至居然还有一些可爱之处，从而消解了怒气。

### 6. 自我超脱法

自己提出的工作方案，可能会遭到半数以上的人的反对，包括上司和同事。也许是对你期望值太高，也许是认为你工作能力差，这都是正常的现象，不必忧虑和生气。

### 7. 积极沟通法

当争吵双方都心平气和的时候，利用午休时间聊聊天，谈谈各自的爱好，或许你会发现你们之间并没有什么重大的"阶级"仇恨。另一方面，大家都是为了工作，不要把工作中的矛盾延续到生活之中。

### 8. 提高修养法

平时多做一些提高修养的事，种种花草、养养鱼、学学书法，练练画，为人会变得谦和有礼，不容易暴躁和动怒。

日常生活中我们难免会遇到一些挫折、困难等，而一味地生气焦虑、埋怨，不但不会使事情好转，反而会严重地伤害我们的身心健康。

> 牙齿痛的人，想世界上有一种人最快乐，那就是牙齿不痛的人。
>
> ——萧伯纳

# 莫因他人的错误惩罚自己

日常生活中，大大小小的事情不可能都顺自己的心，总会有不如意的地方，因此，人也就免不了会生气。但是经常生气或生闷气、发脾气则会严重影响身体的健康，那么受到惩罚的将是自己而不是别人。

一位印度僧人胸襟宽广，从不生气。一个路人千方百计地想激怒他，但均未奏效，于是气急败坏地质问高僧："你为什么不生气？难道你不是人吗？"他竟然污蔑高僧做人的资格了，但高僧的笑意浮上脸庞，耐心回答："如果别人给你的礼物，你不想要，再退回给这个人时，结果会怎么样？"

我更感兴趣的是这个路人，原本想激怒高僧的，结果却惹恼了自己。他情急之下不把高僧当人，也就是把自己做人的资格开除了。这让我想起台湾著名高僧证严法师的一句名言：生气是拿别人的错误惩罚自己。但在职场中，这样惩罚自己的人却屡见不鲜：下级犯了错误，上级很生气，脾气火暴、声色俱厉，伤的其实是自己；上级作风官僚，下级很生气，烦闷憋屈，愤愤不平，伤的其实是自己；同事之间磕磕碰碰，惹人生气，怒火中烧，互相攻击，伤的其实还是自己。错误应该受到惩罚，但未必要通过生气来实现，既然错误在他，为何你要生气？别人犯了错，而你去生气，岂不正是拿别人的错误来惩罚自己？

那么，怎样才能面对和处理好自己生气的情绪呢？这里有一些实用的方法：学会幽默自嘲：如果你可以退一步，视生命如一出戏，即可发现生命的许多状况都是荒谬的。试试对生命一笑置之，幽默常可减轻压力。

人不可能不生气，生气其实也给我们提供了一个很好的认识自己的机会。因此，关键的不是逃避和懊悔，重要的是去面对。当教师的不可能不生气，而且大半是和学生生气。但我们要有对学生的正确定位，不要期待学生的一切行为都符合要求，一教就会，一说就听，不犯错误，这样生气的力度大概能缓和一些。现实中，在别的老师看来简直无法容忍的事，有的老师却能很平静地对待，很恰当地处理。最重要的是我们老师除了一颗冷静的头脑，还要有一颗宽容的心，那么，我们就会时时处处尊重学生、理解学生、关爱学生，学生的心灵就绝对不会因为我们的生气而受到伤害。

另外，生气会对身体的某些器官造成一定的损害。例如，生气会造成肝热，相反的，肝热也会让人很容易生气。怒伤肝，肝伤了更容易发怒，两者互为因果而形成恶性循环。这种恶化会愈来愈严重，也愈来愈难改变。肝气太盛时，脾脏也会跟着旺起来，如果血气很旺盛的人，这时会产生许多白血球，去处理肠胃的问题，那就很容易引发白血病了。

所以，不管是哪一方面，人都不应该经常生气、发脾气，要想改变自己的这个坏毛病，最终只有自己大彻大悟，真正下决心彻底改变时，才有机会回头。

> 生活是我们在自己喜欢的环境中所遵循的一种习惯。所以，秩序是首要的。
>
> ——巴尔扎克

# 甩掉心中愤怒的火种

愤怒，是人们情绪的激烈爆发。经常愤怒的人，不应当看成是性格使然，而是一种心理不健康的表现。

愤怒情绪对人的心理没有任何好处。它使人情绪低沉，陷入惰性。从病理学的角度来看，愤怒可导致高血压、溃疡、皮疹、心悸、失眠、困乏，甚至心脏病；从心理学角度来看，愤怒可能破坏情感关系、阻碍情感交流、导致内疚与沮丧情绪。你可能不相信这种观点，因为你或许听说过发火要比生闷气更有助于身心健康。是的，生气时把火气发出去比把气憋在心里要好得多；但是，还有一种比发火更好的办法——根本不动怒，为什么不采用这种办法呢？这样，你便不会为决定是发火还是生闷气而自寻烦恼了。

同其他所有情感一样，愤怒是大脑思维后产生的一种结果。它不会无缘无故地产生。当你遇到不合意愿的事情时，就告诉自己：事情不应该这样或那样，于是你感到沮丧、灰心；然后，你便会做出自己所熟悉的愤怒反应，因为你认为这样会解决问题。只要你认为愤怒是人的本性之一部分，就总有理由接受愤怒情绪而不去改正。

如果你仍然决定保留自己心中愤怒的火种,你可以通过不造成重大损害的方式来发泄愤怒。你不妨想一想,是否可以在沮丧时以新的思维支配自己,用一种更为健康的情感来取代使你产生惰性的愤怒。既然世界绝不会像你所期望的那样,你很可能会继续厌烦、生气或者失望,但无论如何,你完全可以消除那种不利于精神健康的有害情感——愤怒。

每当你以愤怒来对他人的行为作出反馈时,你会在心里说:"你为什么不跟我一样呢?这样我就不会动怒,而且会喜欢你。"然而,别人不会永远像你希望的那样说话、办事;实际上,他们在大多数情况下不会按照你的意愿行事。世界就是如此,我们不可能期望别人永远按照自己的意愿行事,这一现实永远不会改变。所以,每当你因为自己不喜欢的人或事动怒时,你其实是不敢正视现实,让自己经受感情的折磨,从而使自己陷入一种惰性。为根本不可能改变的事物自寻烦恼真是太愚蠢了。其实,你大可不必动怒,只要你想想,别人有权以不同于你所希望的方式说话、行事,你就会对世事采取更为宽容的态度。对于别人的言行,你或许不喜欢,但绝不应动怒。动怒会使别人继续气你并导致上述种种生理和心理病症。所以,要以新的态度对待世事,从而最终消除愤怒这一误区。

也许你认为自己属于这样一类人,即对某人某事有许多愤愤不平之处,但从不敢有所表示。你积怨在胸,敢怒不敢言,成天忧心忡忡,最后积怨成疾。但是,这并不是那些咆哮大怒的人的反面。在你心里,同样有这样一句话:"要是你跟我一样就好了。"你以为,别人要是和你一样,你就不会动怒了。这是一个错误的推理,只有消除这一推理,你才能消除心中的怨愤。虽然有怒便发要比积怨在胸好得多,但你会慢慢懂得,以新的思维方式看待世事,以至根本不动怒,这才是最可取的。你可以这样安慰自己:"他要是想捣乱,就随他去,我可不会为此自寻烦恼。对他这种愚蠢行为负责的,是他不是我。"你也可以这样想:"我尽管真不喜欢这件事,却不会因此陷入惰性。"

总之,为了消除这一误区,首先你要用上面论述的一种方法勇敢地表示你的愤怒;然后,以新的思维方式让自己保持精神愉快,将外界控制转为内在控制;最后,不再对任何人的行为负责,不因为别人的言行影响自己的精神状态,这样你就可以不让别人的言行扰乱自己的心境。总之,你只要自尊自重,拒绝受别人控制,便不会再用愤怒来折磨自己。

> 没有人制定具体的游戏规则,但你明白那尺度在哪里。
> ——苏格拉底

## 远离愤怒,快乐生活

愤怒,多么不可捉摸的力量!

在平日里,让你生气的可能大多都在一些小事上。

我们常常看到这样一些现象:人多拥挤的公交车上,乘客之间由于无意碰撞而引起争吵,双方闹得脸红脖子粗;学校里,同学之间为一些鸡毛蒜皮的小事,如不小心碰落了别人的铅笔盒之类而出言不逊,大动肝火,怒气冲冲;邻里之间为了一些小纠纷而各不相让,争吵辱骂,没完没了。这些都是无原则的冲突,不必要的感情冲动,毫无意义的犯颜动怒,是无益之怒。

怒,是"喜、怒、忧、思、悲、恐、惊"人之七情之一。人与人之间由于性格、修养、思维方式、生活方式等不尽相同,发生某些摩擦或冲突是难免的，愤怒情绪的出现也可以理解。然而，若是经常愤怒，或是愤怒一触即发，往往会使人的身心健康受到损害。《黄帝内经》说："百病生于气也""怒则气上，则伤脏；脏伤，则病起。"近代科学研究证明：暴怒能击溃人体生物化学保护机制，使人抵抗力下降，而为疾病所侵袭。怒气犹如人体中的一枚定时炸弹，随时都可酿成大祸。

　　发怒会使人远离真理。世界上很少有因为愤怒就使问题和矛盾获得解决的；相反，常常因为愤怒把事情搞僵了，搞糟了。愤怒时，极而言之，极而行之，没了后退之路，没了回旋余地。本来有理，反而变成了没理；本来是小事，结果闹成了大事，甚至不可收拾，过后，悔之晚矣。《三国演义》中的张飞怒责部下，结果被范疆、张达切了脑袋；刘备怒气难抑，率兵亲征，又被东吴火烧连营。第四次中东战争中，以色列190装甲旅旅长阿萨夫亚古里与埃军第二步兵师先头部队遭遇时，因3次进攻均未成功，便恼羞成怒，用剩余的85辆坦克孤注一掷，结果中计惨败。诸如此类，举不胜举。俄国大文豪屠格涅夫曾劝告与人争吵、情绪激动的人："在开口之前，先把舌头在嘴里转十圈。"因为愤怒是射向健康的一支利箭，它不一定能伤害你的敌人，却时时会侵蚀你自己的健康。

　　《孙子兵法·火攻篇》中指出："主不可以怒而兴师，将不可以愠而致战。"这虽然强调的是临敌制怒，但对生活中的人们同样富有启发。清朝林则徐官至两广总督，一次，他在处理公务时，盛怒之下把一只茶杯摔得粉碎。当他抬起头，看到自己的座右铭"制怒"二字时，意识到自己的老毛病又犯了，立即谢绝了仆人的代劳，自己动手打扫摔碎的茶杯，表示悔过。与人相处，不分是非曲直、动辄发火，是一种远离文明的表现。易怒之人，应像林则徐那样，潜心修养，注意"制怒"，心平气和，以理服人，不可放纵心头无名之火，像火柴头似地一擦就着，触物即烧。

如何不生气，怎样不抱怨

"制怒"真言，谁都应该置为座右铭。

制怒并不是一件容易的事，它是一个人以理智战胜感情冲动的过程。善于制怒不仅需有"忍人所不能忍"的宽广胸怀和以大局为重的精神境界，而且还需要有强烈的自我控制意识。要"制怒"，首先要努力陶冶自己的性情，不断提高自己的修养，理智地将"愤怒"这个"情绪炸弹"扔掉。

制怒的最好法门是忍，是宽容。自觉的忍，理智的让，不是退缩，不是无能，不是放弃原则，而是一种策略，一种智慧，一种境界。只有洞察世事，心灵清澈，对是非、矛盾有清醒认识的人，才会在可能被激怒的时候，做到真正自觉地忍，真正心平气和地面对生活、工作中的各种矛盾和挑战。具有忍的智慧，达到忍的境界，当然需要修炼，而生活本身，它的正面的经验和负面的教训，则是这种修炼的燧石。

聪明人的聪明之处，是善于运用理智，将情绪引入正确的表现渠道，使自己按理智的原则控制情绪，用理智驾驭情感。以平和的态度来摆事实、讲道理，要比大喊大叫更能让对方心服口服；而宽恕和谅解有时比伤害、侮辱更能震撼人心。只要我们肯下功夫学会制怒的正确方法，他人肯定会对我们的道德、修养以及理智、大度出自内心地佩服。那时，我们自会达到"风平而后浪静，浪静而后水清，水清而后游鱼可数"的全新境界。

心若改变，你的态度跟着改变；态度改变，你的习惯跟着改变；习惯改变，你的性格跟着改变；性格改变，你的人生跟着改变。在顺境中感恩，在逆境中依旧心存喜乐，远离愤怒，认真、快乐地生活，怀大爱心，做小事情。如此，你的生命一定会大放异彩！

> 现代人最大的缺点，是对自己的职业缺乏爱心。
> ——罗丹

## 理性地愤怒是个好选择

　　以前看过几次成人在街头打架,印象最深刻的是两个人刚动手,就听见有东西掉在地上的声音,循声望去,原来是两只断了表带的手表。也碰到过人们在餐馆一言不合,大打出手,妙的是,这个狠狠给那个一拳,那人倒在椅子上,椅子咔嚓一声就断成了三截。后来我常盯着自己的手表和椅子想:看起来这表带挺结实,我打球、做体操,它都不会掉。还有这椅子,200斤的大胖子坐上去,也不会垮,为什么打架的时候,就那么不经用呢?我想出的答案是:它们都是为理性的人做的。理性时再结实的东西,碰到不理性的动作,都将变得脆弱无比。

　　问题是,人毕竟是人,是人就有情绪,有情绪就可能发怒。挪威首都的"维格兰雕刻公园"有数百尊雄伟壮观的雕塑伫立在中央走道的两侧。公园的中心点,则是耸入天际的名作——《生命之柱》。奇怪的是,旅客大多却围在一个不过3尺高的小铜像前。那是一个跺脚捶胸、号啕大哭的娃娃,公园里最著名的"怒婴像"。他高举着双手,提起一只脚,仿佛正要狠狠踢下去。虽然只是个铜像,却生动得好像能听到他的声音、感觉到他的颤抖。他是在发怒啊!为什么还这么可爱呢?大概因为他是个小娃娃吧!被激发了本能,点燃了人类最原始的怒火。谁能说自己绝不会发怒?只是谁在发怒的时候,能像这个娃娃,既宣泄了自己的情绪,又不造成伤害?

　　最近看了陈凯歌导演的《霸王别姬》和张艺谋导演的《活着》。其中印象最深刻的,却都是发怒的情节。在《霸王别姬》里,两

### 如何不生气，怎样不抱怨

个不成名的徒弟去看师父，师父很客气地招呼。但是当二人请师父教诲的时候，那原来笑容满面的老先生，居然立刻发怒，拿出"家法"，好好修理了两个徒弟。在《活着》这部电影中，当葛优饰演的败家子把家产输光，债主找上门，要败家子的老父签字，把房子让出来抵债时，老先生很冷静地看着借据说："本来嘛！欠债还钱。"然后冷静地签了字，把偌大的产业让给了债主。事情办完，一转身，脸色突然变了，浑身颤抖地追打自己的不肖之子。两部电影里的老人，都发了怒，但都是在该发怒的时候动怒，也没有对外人发怒。那种克制与冷静，让人感觉到"剧力万钧"。

这世上有几人，能把发怒的原则、对象和时间，分得如此清楚呢？

记得小时候，常听大人说，在联合国会议上，前苏联的赫鲁晓夫会用皮鞋敲桌子。后来，一位外交人员谈到这件事时说："有没有脱鞋，我是不知道。只知道做外交虽然可以发怒，但一定是先想好，决定发怒，再发怒。也可以发表愤怒的文告，但是哪一篇文告不是在冷静的情况下写成的呢？所以办外交，正如古人所说'君子有所为，有所不为；君子有所怒，有所不怒'。"这倒使我想起一篇有关20世纪最伟大指挥家托斯卡尼尼的报道。托斯卡尼尼脾气非常大，经常为一点点小毛病而暴跳咆哮，甚至把乐谱丢进垃圾桶。但是，报道中说，有一次他指挥乐团演奏一位意大利作曲家的新作，乐队表现不好。托斯卡尼尼气得暴跳如雷，脸孔涨成猪肝色，举起乐谱要扔出去。只是，手举起，又放下了。他知道那是全美国唯一的一份"总谱"，如果毁损，麻烦就大了。托斯卡尼尼居然把乐谱好好地放回谱架，再继续咆哮。请问，托斯卡尼尼是真在发怒，还是以"理性的怒"做了"表示"？

> 事业是栏杆，我们扶着它在深渊的边沿上走路。
> ——高尔基

# 第六章
# 有胸襟，做宽容豁达的自己

予人宽容，也是予己宽容。宽容别人，会为我们的生活平添许多快乐。胸襟宽广一点，将自私拒之门外，做一个豁达的自己。

## 让仇恨长出鲜花

　　宽容是一种艺术,宽容别人,不是懦弱,更不是无奈的举措。在短暂的生命中学会宽容别人,能为生活平添许多快乐,使人生更有意义。正因为有了宽容,我们的胸怀才能比天空还宽阔,才能尽容天下难容之事。

　　法国19世纪的文学大师雨果曾说过这样的一句话:"世界上最宽阔的是海洋,比海洋宽阔的是天空,比天空更宽阔的是人的胸怀。"

　　古希腊神话中有一位大英雄叫海格里斯。一天,他走在坎坷不平的山路上,发现脚边有个袋子似的东西很碍脚,海格里斯踩了那东西一脚,谁知那东西不但没有被踩破,反而膨胀起来,加倍地扩大着。海格里斯恼羞成怒,抄起一根碗口粗的木棒砸它,那东西竟然长大到把路堵死了。

　　正在这时,山中走出一位圣人,对海格里斯说:"朋友,快别动它,忘了它,离它远去吧!它叫仇恨袋,你不犯它,它便小如当初,你侵犯它,它就会膨胀起来,挡住你的路,与你敌对到底!"

　　我们生活在茫茫人世间,难免会与别人产生误会、摩擦。如果不注意,在我们引发仇恨之时,仇恨袋便会悄悄成长,最终会堵塞了通往成功之路。所以,我们一定要记着在自己的仇恨袋里装满宽容,那样我们就会少一分烦恼,多一分机遇。

　　拿破仑在长期的军旅生涯中养成了宽容他人的美德。作为全军统帅,批评士兵的事经常发生,但每次他都不是盛气凌人的,他能很好地照顾士兵的情绪。士兵往往对他的批评欣然接受,而且充满了对他的热爱与感激之情,这大大增强了他的军队的战斗力和凝聚力,使其成为了欧洲大陆的一支劲旅。

在征服意大利的一次战斗中,士兵们都很辛苦。拿破仑夜间巡岗查哨,在巡岗过程中,他发现一名巡岗士兵倚着大树睡着了。他没有喊醒士兵,而是拿起枪替他站起了岗。大约过了半个小时,哨兵从沉睡中醒来,他认出了自己的最高统帅,十分惶恐。

拿破仑却不恼怒,他和蔼地对他说:"朋友,这是你的枪,你们艰苦作战,又走了那么长的路,你打瞌睡是可以谅解和宽容的,但是目前,一时的疏忽就可能断送全军。我正好不困,就替你站了一会儿,下次一定小心。"

拿破仑没有破口大骂,没有大声训斥士兵,没有摆出元帅的架子,而是语重心长、和风细雨地批评士兵的错误。有这样大度的元帅,士兵怎能不英勇作战呢?如果拿破仑不宽容士兵,那后果只能是增加士兵的反抗意识,丧失了他本人在士兵中的威信,削弱了军队的战斗力。

还有另外一则故事:

杰克和汤姆曾经是好朋友,有一次他们合伙做卖米的生意。在他们居住的那条街上分布着许多米店,大多数店主把米放在外面,晚上找人看守。他们也和那些店主一样把米堆在商店外面。

可是有一天早上,他们起来后发现米少了许多。杰克记得晚上汤姆起了好几次,他怀疑很可能是汤姆把米转移到了其他地方,想独吞,因此心中大为不悦。而汤姆说他没有看见那些米,杰克不相信,两人吵了起来。汤姆忍无可忍,动手打了杰克,杰克也毫不示弱地狠狠还击,打得汤姆鼻青脸肿。从此他们成为仇人，不再往来。

第三天杰克要到附近的一个小镇去做生意，一大早推开门发现门口放着一个陶罐，罐里装着几根骨头。按照当地风俗这是不吉利的象征，很晦气。杰克想，肯定是汤姆诅咒他生意落败故意放在他家门口的，他非常生气地将陶罐扔到花园里，就出门了。结果那天他的生意很不好，不但没有赚到钱反而亏了不少本。回到家中他给院子里的花松土施肥时，无意中看到那个陶罐，想把它砸碎出气，又觉得很可惜，就顺便移了几株快死的花进去。

过了几天他从外边做生意回来，赚了不少钱。他很高兴地侍弄花草时惊喜地发现，陶罐里开满了鲜花。这让他很高兴，没想到用来出气的陶罐竟给他带来了意想不到的欢乐。看着这些鲜花，他开始为自己狭隘的心胸感到脸红，觉得自己当初不应该迁怒于汤姆，应该心平气和地向他解释。他决定主动向汤姆道歉。

在去汤姆家的路上遇到他的邻居，邻居问他说，前一段时间自家的小孩夜里在外面玩，把一个准备泡药的陶罐和一副兽骨药给弄丢了，不知杰克看见了没有。杰克回家找到陶罐和扔在院子里的兽骨还给了邻居。奇怪的是当他把东西还给邻居时，邻居还给了他几袋米。

原来就在杰克和汤姆把米放在外面的那天夜里，有人要买杰克邻居家的米，黑暗中邻居错把杰克和汤姆的米卖了，等第二天发现时，买主已不知去向。邻居找杰克时杰克已到外地去了，后来就把这件事给忘了。杰克觉得自己错怪了汤姆，他带上从陶罐里采摘的鲜花到汤姆家表示了真诚的道歉。

后来他们重新成了朋友，感情比以前更好了。

人与人之间避免不了因相互误解而导致仇恨。最好的方式是以宽容的心态将这种仇恨栽培成一盆鲜花，让自己心里开花才能让周围遍地开花。时间带走一切也考验一切，值得珍惜的是无限春光和快乐的果实,真正的友谊并不因误解、仇恨而变淡,反而会因海纳百川的胸怀和气度而更加深厚。

让仇恨长成鲜花是一种智者大彻大悟的境界,也是快乐的源泉。

> 生活就像海洋,只有意志坚强的人,才能到达彼岸。
> ——马克思

# 生活离不开宽容

一位禅学大师有一个老是爱抱怨的弟子。有一天,大师派这个弟子去集市买了一袋盐。弟子回来后,大师吩咐他抓一把盐放入一杯水中,然后喝一口。

"味道如何?"大师问道。

"咸得发苦。"弟子皱着眉头答道。

随后,大师又带着弟子来到湖边,吩咐他把剩下的盐撒进湖里,然后说道:"再尝尝湖水。"

弟子弯腰捧起湖水尝了尝。

大师问道:"什么味道?"

"纯净甜美。"弟子答道。

"尝到咸味了吗?"大师又问。

"没有。"弟子答道。

大师点了点头,微笑着对弟子说:"生命中的痛苦是盐,它的咸淡取决于盛它的容器。"

**如何不生气，怎样不抱怨**

　　这个禅师告诉我们要用宽大的心胸去看待生活中的痛苦和不满，其实不仅是生活中的痛苦，一切都需要有一个大度的胸怀去包容才好，对别人的宽容，也是对自己宽容。古希腊一位哲学家说过："学会宽容，世界会变得更为广阔；忘却计较，人生才能永远快乐。"宽容可以使沉默寡言的男人变得豪爽大度，也可以使多愁善感的女孩变得活泼开朗。著名哲学家康德说过："生气是拿别人的错误惩罚自己。"故事中的这位禅师就是一位宽容的智者，他没有生气，而是循循善诱地引导弟子走出误区。

　　生活需要宽容。我们离不开宽容，就像人类离不开五谷杂粮一样。如果人人都用宽容的心态面对生活，那么这个世界就会更加美好。就像千古名句所说的："千里家书只为墙，让他三尺又何妨。万里长城今犹在，不见当年秦始皇。"古人都有如此宽容的胸怀，作为文明新一代的我们又怎能不继续发扬这种宽容的精神呢？如果生活中每件事都斤斤计较，那么这个世界也许早已不存在了。

> 生命的意义在于付出，在于给予，而不是在于接受，也不是在于争取。
> ——巴金

## 以宽容之心净化心灵污垢

　　嫉妒是一种不良的心理状态，原因有多种多样。如果你拥有了嫉妒的心态，也不要担心紧张，只要能对自己看问题的视角作必要的调整,从另一个角度全面审视,便会发现自己对别人的嫉妒是完全没有必要的,也是毫无意义的。对别人的嫉妒,实际上是对自己的一种惩罚。因为你看见别人比你好的时候,心里自然就会生气,所以对别人的嫉妒实际上也是对自己的一种变相的惩罚。例如,有人看见别人日子过得比自己好,便气不打一处来,说人家的钱来路不明;有人见别人打扮得漂亮一些,便不由得在心里骂一句"臭美";人家添置了新家电、装修了房子,便说人家"烧包"。这些表现就是一种典型的嫉妒心理在作怪。这样做对别人完全没有一丝损伤,反而弄得自己一肚子气,这是何必呢?倒不如把心放宽,调整一下自己的心态,从另一个角度来看问题,也许就是另一番景象了。

有一个妇女,长得不是很漂亮,她的一位女同事长得漂亮而且还爱打扮。因此,这引起了她的极度不满,她在心底里对那个女同事瞧不上眼,嫉妒心十足。

有一次,在和那位女同事的交谈中,这位妇女才知道对方的家庭十分的不幸。就是因为这不幸,所以她才坚持每天化妆,化妆可以改变她沮丧的心情,让她从不幸的家庭走进一个温暖如春的公司。这时,这位妇女发现自己虽然不漂亮,但家庭生活却十分和谐。也许是由于心理上有了某种平衡,她倒有几分同情那个同事了。同时,她也明白了,自己以前看人家不顺眼,实际是对人家有偏见,是自己的一种不健康心理在起作用,完全是由于嫉妒。故事讲到这里,我们就可以看出这位妇女看问题的角度由嫉妒转化为了同情——角度发生了变化,所以,嫉妒也就随着转化消失了。

一个心胸宽广的人,是不会嫉妒别人的。要使自己有一个比较开阔的心胸,必须不断加强自身修养,使自己从经常产生嫉妒的心理中解脱出来。要多向身边那些性格开朗、心胸开阔的人学习,要不断地在心里告诫自己,不能学小心眼。并要在实际生活中不断对自己的心胸做测验。有一个人自知他经常出现嫉妒心理，便向一个性格开朗的朋友多次求教有什么方法可以克服嫉妒，那个朋友说，办法十分简单，只要你不去计较，便立即见效。这个人一想，的确是那么回事，后来，他凡是碰上对别人心生不满的时候，便想朋友的话，就觉得自己不会嫉妒别人了。

同为新闻"脱口秀"节目主持人，奥普兰是明星，盖勒只是个陪衬人，但他们看重并欣赏对方的优点，能以平等心态看待各自不同的优势与短处。"我认为没人能像奥普兰那样把节目做得那么好，包括我自己，所以我并没有竞争的感觉。""当你身处公众包围之中时，你需要一个能让你信赖的朋友。盖勒是我自己的一面镜子——从镜子里我会看到，当生活变得简单，没有那么多外在的压力影响我的时候，我内心的状态是什么样的。"奥普兰说道。当奥普兰想把朋友带入自己前途远大的事业中时，遭到事业刚起步的盖勒的拒绝。不过最终盖勒受聘为奥普兰一本最新刊物的责任主编。友谊和竞争是无法轻易融合的。小人物盖勒面对大明星朋友，他聪明而又努力地从多种方面寻找到一个平衡点。

其实在各种职业中，友谊与对抗都同时存在。工作让人们结交到许多朋友，像近邻一样每日相处。但在工作中找到能够与之共享秘密而又不会对自己评论监督的朋友可能是一种冒险。如何将亲密的友谊与工作关系区分开来？可以略略降低友谊的亲密程度，或者学着如何在竞争中以减少"个性"来面对输赢。盖勒有很健康的心态，也回避朋友多次在事业上的拉拢，独立并努力地做好自己的工作，并以乐观向上的人格魅力，赢得了奥普兰的欣赏和尊敬。总之，嫉妒是一种不健康的心理，如果你想改变它，就要学会调整自己的心态，不断开阔自己的心胸，用自己那颗宽容的心净化那些附着在人心灵上的污垢吧！

第六章　有胸襟，做宽容豁达的自己

> 人只有献身社会，才能找出那实际上是短暂而有风险的生命的意义。
>
> ——爱因斯坦

# 宽容是人生的一座桥

生活需要宽容，宽容是一种人生的智慧。宽容于人，宽容于事，只不过是要求人们不去逞强斗胜，但是最终的结果却是非常的美好：安然的心态，宁静的生活，和谐友好的情感关系。所以说，宽容是人生的一座桥，一座沟通心灵的七色彩虹桥，这座桥给人们带去的是一份温暖的爱心和人与人之间的和睦。

说到"宽容"，人们也许会感到陌生，因为在现如今这个"优胜劣汰"的年代里，"宽容"渐渐被另外一个词所代替，那就是"软弱"。也许这说得有点夸张，但事实上，已经有很多人存在这样的观点了。所以，人们总是在努力地为自己的利益而"拼搏"着，你得一寸，我就要得半尺。

说到这里，不免想起一则小故事：有一对亲兄弟，他们彼此相邻，因为一次纠纷，他们竟发展到了反目成仇的地步。后来，弟弟又在两个庄园之间开了一条水渠，以表示两家从此不相往来。哥哥见状，心里气不过，便找来一个木匠，在两个庄园之间建造一个两米高的围栏，来表示和弟弟到死永不相见，并且以此来回敬弟弟。就在木匠修建围栏的时候，恰巧哥哥有事外出去了。几天后，哥哥外出回来了，看到眼前的一番景象，不由得目瞪口呆。因为他的眼前并不是什么高高的围栏，取代它的是一座美丽的小桥。这座小桥穿过水渠，把两座庄园紧紧地连在了一起。这时，弟弟正好从此处经过，见状也大吃一惊，但随即便笑着从桥对面走过来，紧紧地拥住哥哥说："您真伟大！我做了对不起您的事，您不但不计较，还建造了这么一座美丽的桥，真是太伟大了！"两兄弟终于重归于好，看到两兄弟紧紧相拥之后，木匠露出了开心的笑容，便开始收拾工具准备要走了。临走的时候，木匠憨厚地笑着问两兄弟："您瞧，一座桥是不是比高高的围栏要好看啊？"

故事到这里就结束了，它告诉了人们一个简单易懂的道理，那就是人与人之间要学会宽容。宽容是化解恩怨的一剂良药；宽容是提升人格魅力的一种修养；宽容是一束阳光，时刻照耀着我们，温暖我们的心灵。

> 成功＝艰苦的劳动＋正确的方法＋少谈空话。
> ——爱因斯坦

# 做个"大肚"之人

有时会在寺庙中见到这样一尊佛像，他光着大肚皮坐卧于地，咧嘴露牙地捧腹大笑，看起来特别具有亲和力及喜悦感。他便是"大肚能容，开口便笑"的弥勒佛。

弥勒佛之所以令人敬服，就在于他的"豁达大度"。一件事有许多角度，有好的一面，也就有坏的一面；有乐观的一面，也就有悲观的一面。就好比一个碗缺了个角，乍看之下，好似不能再用；若肯换个角度来看，你将发现，那个碗的其他地方都是好的，还是可以用的。若凡事皆能往好的、乐观的方向看，必将希望无穷；反之，一味地往坏的、悲观的方向看，定觉兴致索然。

凡事往好的方面想，自然会心胸宽大，也较能容纳别人的意见。宽大的心胸，不但可以使人从别的角度去看事情，更能使自己过着悠然自得的日子。有一回，释尊的一位大弟子被一位婆罗门侮辱，但他对于婆罗门的辱骂只是充耳不闻，未予理会。因为他知道，一个会以辱骂别人来凸显自己的人，在个人的修养和品行上都有问题。婆罗门见到他无端被自己辱骂，不但没有生气，而且微笑着答辩，真不愧是圣者，终于自知理亏，转身离开了。这便是豁达，即佛家所谓的圆融。

一个小女孩只有3岁，每当晚餐时，都拿着汤匙要"自己来"，但每次都被其母亲夺走，而其母亲通常的回答是："你还不会。"过了一段时间后，我们会发现小女孩竟对着她妈妈说道："你帮我。"由此可见，孩子的热情被一而再、再而三地浇灭后，便容易产生依赖性。久而久之，将变成一个怕做错事而受嘲骂、缺乏自信的人，等到将来长大，自然会畏畏缩缩，没有勇气尝试突破困境。

豁达一些，也要大度一些。就拿鞋子来说吧，我们买鞋子都知道要多预留一点空间，否则穿久了，会因脚和鞋子摩擦得太厉害而起水泡，甚至磨破皮，以致痛苦难忍。又如赴约，应提早5分钟或10分钟到场，也一定比迟一分钟赶到的心情轻松多了。英国首相丘吉尔对于化解愤怒的方法很是幽默。有一次，演说前有一位不赞同他的人，递了张纸条给他，上写着"笨蛋"二字，丘吉尔看了之后，并没有生气或露出不悦的颜色，只是拿着那张纸条幽默地说："我常常接到许多忘了签名的信，今天我第一次接到没有内容,却有签名的信,难道这是他的签名吗?"随后将纸条展示给在座诸位观看,引得哄堂大笑。愤怒是不好的情绪,但大多数的凡夫俗子往往控制不住它,只有少数有智慧、有度量的人才能适时疏导这种不好的情绪。

我们都有过这种经验,就是盛怒之后,再反省便会发现:"我当时也可以不必那么愤怒的,其实事情也不是那么严重,不知道他(对方)现在的感受如何?"但当遇到那种使人愤怒的情景时,往往会按捺不住怒火。于是,我们必须通过日常生活不断地磨炼自己,使自己也拥有化解、疏导愤怒的智慧和能力。由于我们不是顿悟的圣者,便只有靠着"时时勤拂拭,勿使惹尘埃"的功夫,使自己臻于能忍辱、能容人的境界。是的,希望我们都能在生命之河的洗礼中,慢慢磨去我们不知足的坏习性,迈向圆融的人生。

> 人的价值蕴藏在人的才能之中。
>
> ——马克思

## 清除"三毒",稳如泰山

我们可能不知道怎样去宽恕别人和宽恕自己,甚至根本不希望有宽恕,或不知道可以宽恕。事实上,宽恕他人、宽恕自己,都是必需的。人谁无错?连圣人都有错,何况是普通人呢?宽恕是给别人机会,同时也是给自己机会。

佛家有"贪、嗔、痴"的说法,叫做"三毒"。种种不好的事情，都由这"三毒"发展而成，你仔细想一想，就会证实佛说得一点都不错。生意失败、损失金钱，往往由贪欲而来；作错选择、找错对象、交错朋友、做错事情，往往由愚痴而来；破坏、犯罪，往往由嗔恨而来。人的所有过错，都离不了贪、嗔、痴3种原因。

这3种毒，犯一次就要吃一次亏。不原谅别人，犯的正是嗔毒，这种毒在刺伤别人以后，往往要反过来刺伤自己。我们每一个人，都应该知道宽恕别人的重要性。在我们还没有能做到完全宽恕别人的时候，不妨先闭上双眼，然后想想该怎样惩罚那个最令人难以宽恕的人。要怎样才会宽恕他？是不是要他受苦，你才能宽恕他？如果是，你可以想象他正在受苦，受种种的苦；想象完了以后，你不禁会对他产生怜悯心，会宽宏大量地饶恕他，不再想报复，这样，报复心就完全地清除了。

做这样的假想也只能偶然一次，不能每天都做，否则就达不到消除报复心的效果。有一些人，很难做到完全宽恕别人，他也许能宽恕别人一会儿，过后，他又想起别人的不是，再也不宽恕了。

然后你可以在心中反复告诉自己，你是一个宽宏大量的人，你不会为了小人与小事生气。重复多念几遍，一直念到你心无挂碍，气定神闲。

清除"三毒"，做个大度君子，增加自己的力量，使自己成为无人能推倒的一座泰山。

> 不要在已成的事业中逗留着！
> ——巴斯德

## 别让仇恨的种子萌芽

仇恨是带有毁灭性的情感，只会激化矛盾，让彼此都陷入痛苦的深渊。仇恨的情绪如同充足气的皮球，你用多大的力气踢它，它就用多大的力量回赠你。

一位画家在集市上卖画，不远处，前呼后拥地走来一个大臣的孩子，这个大臣在年轻时曾经把画家的父亲欺诈得心碎死去。这孩子在画家的作品前流连忘返，并且选中了一幅，画家却匆匆地用一块布把它遮盖住，并声称这幅画不卖。

从此以后，这孩子因为心病而变得憔悴，最后，他父亲出面了，表示愿意付出一笔高价。可是，画家宁愿把这幅画挂在自己画室的墙上，也不愿意出售。他阴沉着脸坐在画前，自言自语地说："这就是我的报复。"

每天早晨，画家都要画一幅他信奉的神像，这是他表示信仰的唯一方式。

可是现在，他觉得这些神像与他以前画的神像日渐相异。

这使他苦恼不已，他不停地找原因。然而有一天，他惊恐地丢下手中的笔，跳了起来，他刚画好的神像的眼睛，竟然是那大臣的眼睛，而嘴唇也是那么酷似。

他把画撕碎，并且高喊："我的报复已经回报到我的头上来了！"

这是印度大文豪泰戈尔的一篇名为《画家的报复》的故事。这种仇恨的种子一旦萌芽，就会像洪水猛兽一般可怕，它也会"遗传"给下一代，具有非常可怕的破坏力。

我们在心中怀恨、心存报复的同时，我们的身心也同样被这恶毒所折磨。

一个心中常想报复的人，其实自己活得也并不快乐。因为他的精力几乎全用在想怎样报复这种不愉快的事上了，而且就算成功他也会有种失落与悔恨交织的情感。

既然我们都举目共望同样的星星，既然我们都是同一星球的旅伴，既然我们都生活在同一片蓝天下，那我们为什么还总是彼此为敌呢？

把心放宽，以一颗博大的宽容之心将仇恨的冰融化，让紧张的气氛化作脉脉温情，让这世界变得如春天般美丽！

> 合理安排时间，就等于节约时间。
> ——培根

## 生气时保持冷静

在生活的面前，每个人都生过气，虽说生气会影响情绪，影响健康，但是也没有人能做到一辈子都不生气。走在路上被人泼了水，也不知道是什么水，虽然对方一个劲儿地道歉，你也明白人家不是故意的，可是看着自己湿漉漉的衣服，还是忍不住抱怨：真叫恶，怎么这么倒霉？于是一整天都在想这件事，又后悔不已：早知道就早点出门了。总之，到头来还是在生自己的气。现在想一想，真是不值得，反正已经被泼了，再怎么抱怨、后悔都没用，衣服还是湿的。那么倒不如这样想，也许我穿这件衣服不好看呢；或者人们不是常说遇水则发吗，看来今天一定会有好事的。这样一想，快乐指数不就上来了，回家换件衣服，重新开始新的一天。宽恕了他人，宽恕了这件事，不就等于宽恕了自己吗？为什么要为了一件已经无法挽回的事而破坏自己一天的情绪，浪费24小时呢？不过，说得容易做到难，不管怎样，要尽量宽恕该宽恕的人和事，让自己变得开心一点。

　　过失，尤其是我们自己对过失的自我谴责和反省，更被认为是富有意义的。当一个人下决心接受截肢手术时，他一定不再把他的残肢视为值得保留的躯体的一部分，而是把它当作多余的、对生存形成威胁的、必须舍弃的废物。在面部整容手术中，没有部分的、试验性的或折中的治疗手段，疤痕组织必须完全地根除，伤口才能彻底地愈合，对伤口要给予特殊保护，以确保面容的每一个细部都得到恢复，使脸部像受到损伤以前一样。医疗上的根除并不困难，困难的是能使你自己乐于抛弃自我的情感，困难的是你自己乐于无保留地消除精神上沉重的债务。我们觉得难以宽恕自己，只是因为我们往往从自我谴责中寻找一种安全感，我们常常通过保护自己的伤口获得一种反常的病态的乐趣。只要我们谴责他人，我们就会产生居高临下的优越感。没有人能否认，自我谴责给人带来的是一种虚幻的满足。

　　心理医学研究表明，一个人心情舒畅，精神愉快，中枢神经系统处于最佳功能状态，那么，这个人的内脏及内分泌活动在中枢神经系统调节下就处于平衡状态，使整个机体协调，充满活力，身体自然也就健康。所以在生活的不幸面前，应保持冷静的思考和稳定的情绪，遇事冷静，客观地作出分析和判断。

　　要多方面培养自己的兴趣与爱好，如书法、绘画、集邮、养花、下棋、听音乐、跳舞、打太极拳等，从事这些活动，可以修身养性，陶冶情操。

不要过于计较个人的得失，不要常为一些鸡毛蒜皮的事而动辄发火，愤怒要克制，怨恨要消除。

> 浪费别人的时间是谋财害命，浪费自己的时间是慢性自杀。
>
> ——列宁

## 伟人具有两颗心

人生要懂得宽容，因为宽容是治疗人生不如意的良药。我们在面对一些无法改变的现状和不可补救的事情时，与其斤斤计较，尖酸刻薄，痛苦悲伤，怨天尤人，不如一笑了之，来点宽容和幽默。宽容自己的局限，宽容别人的偏见，宽容父母的唠叨、丈夫的懒散、孩子的顽皮、朋友的欺骗，将生活过得轻松惬意，让胸襟自然豁达。

宽容是对付人生苦难的手段，是为享受生命乐趣服务的。拥有宽容豁达境界的人，将拥有更多的享受生命快乐的情趣。但愿我们这些宇宙中的匆匆过客，拥有像大海一样宽阔的心胸。以豁达的人生态度，宽容的人生视角，健康的心理状态，将平凡的日子过得更美好些，让生命染上更多的绿色。

一个美国家庭在异国的公路上开车行驶，准备去他们向往已久的旅游胜地。不料，突然一辆快速行驶的车超过了他们，车窗打开，一支枪开始疯狂地乱射，他们的儿子不幸中弹并且当场死亡。按理说，夫妻俩应该恨透了这个国家，因为这个地方夺去了他们心爱的儿子的生命。然而他们却在极大的悲伤中决定将儿子的器官捐献给这个国家，从而挽救了这个国家5个年轻人的生命。

宽容是一种博大，它能容忍世间的喜怒哀乐；宽容是一种境界，它能使人跃上大方磊落的台阶。只有宽容才能愈合不愉快的创伤，只有宽容才能消除人为的紧张。人的烦恼很多来源于自己对自己所做的事的后悔。有时别人对你的错误并不在意，或者已经原谅了你，而你还是不放过自己，一直陷入无谓的自责之中，这是何苦呢？宽容地对待自己就是心平气和地工作、生活。不过在我们宽容对待自己的时候，也应该反省自己，对自己的错误加以改正，不要在宽容自己的同时再犯同样的错误。当然宽容也不是没有界限的：宽容不是妥协，虽然宽容有时需要妥协；宽容不是忍让，虽然宽容有时需要忍让；宽容不是迁就，虽然宽容有时需要迁就。宽容更多的是爱。

时光是金，那么宽容就是时间的沙漏中轻轻沉淀的细沙，积聚了那些曾经的伤痛与深深的思索，于是将苦涩的回忆与一切仇怨掩埋，换回了灵魂的解放，这是无价的。

宽容就像浩瀚汪洋中的一块绿洲，无须广大，却足以令感动的热泪充满了迷途人的双眼，使他痛悔自己曾经的贪婪或是鲁莽，倍加珍惜他的生命，正确而心存感谢地面对人生。

宽容别人的人，他的心中流淌的必定是愉悦；被别人宽容的人，他的心中绽放的必定是感激。

黎巴嫩诗人纪伯伦说，"一个伟大的人有两颗心：一颗心流血，一颗心宽容。"宽容赋予人们崇高的品德、巨大的人格力量和深厚的涵养，使他们能以宽广的胸怀容纳世事，在达观与协和的人生中走得更稳健。这些，都显示着宽容而又坚韧的力量。

> 把语言化为行动，比把行动化为语言困难得多。
>
> ——高尔基

## 切除怨恨的肿瘤

哲学家汉纳克·阿里德指出，堵住痛苦回忆的激流的唯一办法就是宽恕。对普通的人来说，宽恕别人不是一件容易的事情，在一般人看来，宽容伤害者几乎不合自然法规，我们的是非感告诉我们，人们必须为他所做的事情承担后果。但是宽恕则能带来治疗内心创伤的奇迹，能使朋友之间弥合旧隙，相互谅解。

当人们受到不公平的待遇和很深的心灵创伤之后，自然会对伤害者产生怨恨情绪。怨恨是一种被动的、具有侵袭性的东西，它像是一个化了脓的不断长大的肿瘤，使我们失去了欢笑，损害了我们的健康。怨恨，更多地危害了怨恨者本人，而不是被仇恨的人，因此，为了我们自己，必须切除怨恨的肿瘤。

然而，怎样才能切除这个肿瘤呢？

首先要正视我们的怨恨，没有人愿意承认自己恨别人，所以我们就把怨恨埋藏在心底，但怨恨却在平静的表面下奔流，损伤了我们的感情。承认怨恨，就等于强迫我们对灵魂施行手术以求早日痊愈，即作出宽恕的决定。我们必须承认发生的一切事情，面对另外一个人直接地说："你伤害了我。"

丽兹是美国加利福尼亚大学的教授，一位很称职的教师。她的系主任答应替她向教务长请求提升她，然而系主任却口是心非，在向教务处提交的报告中严厉地批评了丽兹的工作，以致教务长对丽兹说："走吧，你只好另谋职业去了。"于是，丽兹恨透了系主任。但她还得从他那里得到一纸推荐书，以便另寻职业。系主任对她说："很抱歉，尽管我在教务长面前为你说了许多好话，但仍然不能使教务长提升你。"丽兹假装相信他的话，但她内心却无法忍受这口怨气。一天，她直接和这位系主任吐露了心中的怨气。系主任竟断然否认了事实。这使丽兹看出他是个多么可怜、多么卑微的人，于是她感到和这样的人生气不值得，并最后决定把这件事抛在一边。

有人说，宽恕是软弱的表现，其实这是错误的。冤冤相报抚平不了心中的伤痕，它只能将伤害者和被伤害者捆绑在无休止的怨恨战车上。

> 不经巨大的困难，不会有伟大的事业。
> ——伏尔泰

# 对人要宽宏大量

爱和怨在日常生活中往往同时存在、形影不离。有时，夫妻间爱得越真挚，便恨得越痛切；有时，误解突生遂势不两立，误解一释，便和好如初。情人怨所爱的人陡生恶习，慈母恨孩子久不成才，此怨此恨中正包含着深切感人的爱。

一个宽宏大量的人，他的爱心往往多于怨恨；他乐观、愉快、豁达、忍让，而不悲伤、消沉、焦躁、恼怒；他对自己伴侣和亲友的不足处，以爱心劝慰，晓之以理，动之以情，使听者动心、感佩、遵从，这样，他们之间就不会存在感情上的隔阂，行动上的对立，心理上的怨恨。

然而，在日常生活中，令人烦恼的事情时有发生。有时，不管你愿不愿意，它都会突现在你面前，给你心中留下哪怕是短暂的印象，使你感到不快、厌烦；有时，一些重大的事情突然发生了，这就可能在你的心灵深处造成重创，甚至威胁你的生活。而造成这些灾难性事件的人，如果正是与你朝夕相处的人，你该如何对待他呢？

谅解和友谊是两个男孩子，从小学到高中不仅在一个学校里，而且在同一个班里。两人情同手足胜似手足，终日相处形影不离。他俩都是独生子，很得家长的喜爱。

一个星期天的清晨，他俩相约到海边游泳。夏日的海滨，细细白沙柔软而蓬松，蓝蓝的海水不断地轻轻亲吻着他们的脚背，他们恨不得一下子投向大海的怀抱中。这对年轻好胜的小伙子互相比赛着向大海深处游去。突然，风云骤变，阳光隐没在厚厚的云层里，那碧绿的海水顿时变得混沌黯黑。不一会儿，暴风雨便如同瀑布似地铺天盖地倾泻下来，狂怒的海水发出呼呼巨响。这两个小伙子在滔天的白浪中与危险苦苦地搏斗着，他们刚刚游在一起，就被一层巨浪分开了。他们高声喊叫着，竭力保持联系，同时，拼命往岸上游去。风越来越大，浪越来越高，海浪时而像无数隆起的小山，把他们抛向高空，时而又如凹下去的峡谷，使他们掉进无底的深渊。啊，一个小伙子仍在高叫着同伴的名字，却怎么也听不见回音。他心急如焚，拼命向同伴那里游去。人不见了！他不顾一切地喊叫着，寻找着，直到凶猛的巨浪把他打昏。

当他醒来时，发现自己躺在医院的病床上，他得到的第一个消息就是好友不幸溺水身亡。后来，他伤愈出院了，但他心中的忧患却日渐加剧。是他主动找好友去游泳的，是他没把好友抢救出来。他失魂落魄地终日在海边徘徊，向着一望无垠的大海轻轻呼唤着好友的名字，但是只有那阵阵涛声作答。

他来到好友家里，请求伯母的宽恕。那失去独子的母亲悲恸欲绝，终日以泪洗面，无暇顾他。他每次都怀着一种负疚的心情悻悻而去。

这种痛苦的心绪一直伴随着他离开校门，走上了社会。为亡友而产生的伤感也注满了他的心房，甚至在蜜月中也不时地影响到新婚的热烈气氛，这使新娘惊诧不解、思绪万千。她看到丈夫总爱在海边定睛伫立、魂不守舍，便生气道："你总去海边，那你就去跟大海一块过日子吧！"一气之下，便离家而去了。妻子的离去，使他陷进了更大的苦恼之中。

一天，有人轻轻地敲他的房门。来了两个人，一位站在门外，另一位妇人进来，轻吻了他的额头，亲切地说："孩子，还认得我吗？"他抬头一看，来的正是他亡友的母亲。"伯母，想不到是您来了！"他惊喜地扑上去。妇人亲切地抚摩着他的头发说："我的孩子，过去了的事情就让它过去吧！我曾经对你也不够冷静，请你多多原谅！"说着，两行晶莹的泪水无声地流淌在她那苍白的面颊上。"伯母！我的好妈妈！"他再也忍不住了，痛悔和欢喜的泪水尽情地涌出。然而，这已不再是难过的泪水，而是互相谅解的热泪。她冷静了一下，说："我今天来，是想对你说，我从你身上看到我的孩子还活着，你为他倾注了自己的哀思，我从你的情感中感受到了人生的欢乐。让我们相互谅解吧，让我们如同一家人那样互相体恤吧。我从你妻子那里了解了你的感情，我觉得你是可敬的。但是，我与你、她与你之间还缺乏谅解的精神。现在，我把她找来了，愿你们永远相互体谅，互敬互爱，白头偕老吧！"

从此，他心头的忧虑消除了，小夫妻俩和好如初，相亲相爱，他们还把亡友之母接来同住。生活中，谅解可以产生奇迹，谅解可以挽回感情上的损失，谅解犹如一个火把，能照亮由焦躁、怨恨和复仇心理铺就的道路。

一位新婚不久的新娘突然在新郎的口袋里发现了一封情书，阅后，顿时暴跳如雷、火冒三丈，她感到天昏地暗，心如刀绞，痛不欲生。她感到他们新婚的家庭就要消失了。她久久地呆坐在门口椅子上，心中对"背叛了的丈夫"恨得咬牙切齿。他终于出现在她面前了，她立刻如同一枚炸弹似地在他眼前轰然炸开了，她捶胸顿足，号啕大哭，撕打斥骂他。他显然是十分尴尬难堪的。他涨红了脸，竭力使她镇静。待她的怒气稍微缓和些了，他请她坐在床边，冷静地对她说："亲爱的，请你相信我对你的忠贞吧，我发誓，我对你毫无二心！""那这封信到底是怎么回事儿？！""这正是我要向你解释的。这位姑娘是我原来大学的同学，她曾经向我提出结婚，被我拒绝了。现在，她不知怎么知道了我们已结婚了，她气急败坏，于是给我写了这封信，她怀着一颗嫉恨之心，采取了写情书的方式，企图来搅乱我们平静如水的幸福生活，这是什么情书？只不过是一出恶作剧而已！而你却信以为真了。请原谅我吧，亲爱的，我不该对你隐瞒此事。不过你使我看到了你的诚挚的爱，我也希望能看到你的谅解之心。"说完，新郎拉起了她的手，把一封短信塞在她的手里说，"这是我给她的回信，请看吧。"这封早就写好了的短信的字里行间，充满了他对自己妻子的深情厚意和对新婚欢乐的盛情赞颂。妻子明白了一切，她把这封短信贴在心口上，转怒为喜，转喜为嗔，幸福的笑意又回到了她的嘴角。

谅解的作用，还在于它能唤起失望者对人生的向往和留恋，它可以促使犯错误甚至犯罪的人改邪归正，重新做人。

谅解也是一种勉励、启迪、指引，它能催人弃恶从善，使歧路人走入正轨，发挥他们的潜力。

> 坚强的信心，能使平凡的人做出惊人的事业。
>
> ——马尔顿

# 度量放宽些

俗话说："得饶人处且饶人"。一个人的心胸大小，是其自我成就的一个重要因素。心胸狭窄的人，就像戴了一顶紧箍咒的帽子，一遇到不顺心的事就会自动念起咒语，终使人心情烦闷、抑郁，没有好心情。心胸狭窄的人，不仅得不到自己想要的结果，往往还适得其反，给自己造成不必要的伤害。

有个人捉住了一只大老鼠。他想起了老鼠曾经作的孽，气得牙根痒痒的，决心好好地惩治它。

"你想痛痛快快地去见上帝吗？——没那么便宜！"这个人咬牙切齿地说，"对于人人喊打的坏蛋，无论如何处治，都不过分。"

于是，他找来煤油，把煤油倒在老鼠的身上，然后点燃，等到火舌舔到老鼠皮肉的时候，才把老鼠放开。老鼠吱吱乱叫着狂奔起来，一下子钻进了屋旁草垛，引起了一场大火，大火把这个人的房子烧得精光。

"我真蠢啊！"这个人蹲在一片焦土面前痛哭流涕，"我本来是想惩治老鼠的，可是由于考虑不周，反而毁了我自己！"

度量放宽些，一切好歹都要容得；眼睛放大些，一切高下都要包得。疾恶如仇，其结果往往会适得其反。

> 今天应做的事没有做,明天再早也是耽误了。
> ——裴斯泰洛齐

## 自私就是自我毁灭

自私自利的人脑子里只是满装着自己,他们不会爱别人,更不懂得为别人而付出。他们总认为自己是这个世界的中心,外在的一切都是他们自己的一部分。因而,他们不愿奉献,因为这无异于从他们身上割肉。

有两个重症病人同住在一家大医院的小病房里。房子很小,只有一扇窗子可以看见外面的世界。其中一个病人的床靠着窗,他每天下午可以在床上坐一个小时。另外一个人则终日都得躺在床上。

靠窗的病人每次坐起来的时候,都会描绘窗外的景致给另一个人听。从窗口可以看到公园的湖,湖内有鸭子和天鹅,孩子们在那儿撒面包屑,放模型船,年轻的恋人在树下携手散步,在鲜花盛开、绿草如茵的地方人们玩球嬉戏,后头一排树顶上则是美丽的天空。

另一个人倾听着,享受着每一分钟。他听见一个孩子差点跌到湖里,一个美丽的女孩穿着漂亮的夏装……朋友的诉说几乎使他感觉到自己亲眼目睹了外面发生的一切。

在一个天气晴朗的午后,他心想:为什么睡在窗边的人可以有独享外头景色的权利呢?为什么我没有这样的机会?

他觉得很不是滋味，他越是这么想，就越想换位子。他一定得换才行！这天夜里，他盯着天花板想着自己的心事，另一个病人忽然惊醒了，拼命地咳嗽，一直想用手按铃叫护士进来。但这个人只是旁观而没有帮忙——他感到同伴的呼吸渐渐停止了。第二天早上，护士来时那人已经死了，他的尸体被静静地抬走了。

过了一段时间，这人开口问，他是否能换到靠窗户的那张床上。他们搬动他，将他换到了那张床上，他感觉很满意。人们走后，他用肘撑起自己，吃力地往窗外望……

窗外只有一堵空白的墙。

如果这个人放下心中的自私，在晚上按铃帮助另一个人，他还可以听到美妙的窗外故事。可是现在一切都晚了，他看到的是什么呢？不仅是窗外的一堵白墙，还有自己丑恶自私的灵魂。几天之后，他在自责和忧郁中死去。这就是自私的下场！

现在很多人总在说："人在本质上是自私的，人不为己，天诛地灭。一个人要享乐，是为了不闷死；要工作，是为了不饿死；要恋爱，是为了不孤独死。一切为了生存，生存就是斗争，斗争就意味着自私。"但事实真的是这样吗？大错特错！这只是某些人为自己开脱的借口！

自私就是自我毁灭。人都有需要别人帮助的时候，当身边的人身处困境的时候，自私的人袖手旁观或幸灾乐祸，而人总有走背运的时候，当有一天他需要别人帮助的时候，就会清楚地知道：什么是自私的下场。

> 科学的每一项巨大成就，都是以大胆的幻想为出发点的。
> ——杜威

## 宽恕敌人，赢得朋友

畅销书作家托尼·希勒获得过美国侦探小说家大师奖。他第一次打工是做农场工，而且受益匪浅。

他14岁时，英格拉姆先生敲响了他们在俄克拉荷马的萨克勒哈特农舍的门。这个老佃农住在马路那头大约一英里的地方，想找人帮助收割一块紫苜蓿地。这就是他第一次得到的有报酬的工作———一小时12美分，要知道这在1939年已经很不错了，他们还处在经济大萧条时期。

一天，英格拉姆先生发现一辆装有西瓜的卡车陷在自家的瓜地中。显然，有人想偷走这些西瓜。

英格拉姆先生说车主很快就会回来的，让托尼在那儿看着，长点见识。没过多久，一个在当地因打架和偷窃而臭名昭著的家伙带着两个体格粗壮的儿子出现了。他们看起来非常恼怒。

英格拉姆先生却用平静的口吻说道："哎，我想你们要买些西瓜吧？"

那个男人回答前沉默了很久："嗯，我想是的。你要多少钱？"

"25美分一个。"

"好吧，你帮我把车弄出来的话，我看这价格还合适。"

这成了他们夏天里最大的一笔买卖，而且还避免了一场危险的暴力事件。等他们走后，英格拉姆先生笑着对他说："孩子，如果不宽恕敌人，就会失去朋友。"

几年以后，英格拉姆先生去世了，但托尼永远忘不了他，也忘不了第一次打工时他教给自己的东西。

穿梭于茫茫人海中，面对一个小小的过失，常常一个淡淡的微笑、一句轻轻的歉语，就能带来包涵谅解，这是宽容。宽容地对待你的敌人，你就会得到"退一步海阔天空"的喜悦，"化干戈为玉帛"的喜悦，人与人相互理解的喜悦。

> 科学没有国境，但科学家有祖国。
> ——巴斯德

## 请握住我的手

1754年，当时已是上校的乔治·华盛顿率领部下驻防亚历山大市。这时正值弗吉尼亚州议会选举议员，有一位名叫威廉·佩恩的人反对华盛顿支持的一个候选人。

有一次，华盛顿就选举问题与佩恩展开了一场激烈的争论，争论中说了一些极不入耳的脏话。佩恩火冒三丈，挥拳将华盛顿击倒在地。当闻讯赶来的华盛顿的士兵想为长官报一拳之仇时，他却阻止并说服大家平静地退回了营地。

翌晨，华盛顿托人带给佩恩一张便条，请他尽快到当地一家酒店会面。佩恩神情紧张地来到酒店，料想必有一场恶斗。但出乎他的意料，迎接他的不是手枪，而是友好的酒杯。华盛顿站起身来，笑容可掬，伸出手欢迎他的到来，并真诚地说道："佩恩先生，人谁能无过，知错而改方为俊杰。昨天，确实是我不对。你已采取行动挽回了面子，如果你觉得那已足够，那么就请握住我的手吧,让我们来做朋友。"

这场风波就这样友好地平息了。从此,佩恩成了华盛顿的一个崇拜者。

怨恨就像一团麻,要想解开,必须有足够的耐心和善心。心胸狭窄、"英雄气短"的人,只会用极端的办法加剧矛盾。华盛顿在此所表现出来的为人境界是值得称道的。

> 凡在小事上对真理持轻率态度的人,在大事上也是不可信任的。
>
> ——爱因斯坦

## 向刻薄的人学习宽容

法国文豪巴尔扎克曾经写道:"世上所有德行高尚的圣人,都能忍受凡人的刻薄和侮辱。"

其实,有时候,刻薄的人比那些表面迎合你的人更有用处,因为,他们的话语虽然尖酸,他们的行为虽然刻薄,但却可以让你因此而学到宽容。

有一名自认学富五车的学者搭船过江,船来到河中,为了夸耀自己的学识渊博,他便问船夫说:

"船夫啊,你懂文学吗?"

船夫摇摇头表示不懂,学者不屑地说:"不懂文学,那你就等于失去了一半的生命了。"

过了一会儿,学者又问船夫:"那么,你懂哲学吗?"

船夫摇摇头，学者又惋惜地说："不懂哲学，那你就又失去了另一半的生命了。"

船行到河中，学者又问："既然你不懂文学，也不懂哲学，请问历史、生物、美学……你知道的有哪些呢？"

船夫耸了耸肩说："我一样也不知道。"

学者听了摆出相当鄙夷的表情，夸张地说："我真为你的无知感到难过。什么都不懂，那你活着还有什么意思呢？"

说时迟那时快，突然，一个大浪打上来，小船一不小心就被浪花打翻了，船夫和学者双双落入水中。学者吓得面无血色，不停地挣扎着，船夫问："你懂游泳吗？"

学者摇摇头，船夫接着说："那你就失去了你全部的生命了。"

故事中，这位言辞刻薄的学者自认为上知天文下知地理，但是他却忽略了最浅易的处世方法。

人各有志，各人头顶一片天，因此，为人处世不要太过刻薄。因为你的鱼翅说不定会是别人的毒药，怎能用同样的标准去衡量所有人？人更没有资格仗着自己的学识，去评断别人的生存价值。

印度诗人泰戈尔曾说："越是有人责备我，我就越坚强；越是面对刻薄的人，我就越懂得宽容。"

因为，刻薄的人，有时候是一面自我省思的镜子，我们可以从镜中看到自己曾经刻薄的嘴脸，进而体会到被刻薄的人那份渴望被宽容的心情。

每个人都有自己的世界，可悲的不是活在狭窄的天地里，而是只活在自己的世界中，一味地以自己的眼光看待别人。因此，为人处世的最高境界就是懂得向刻薄的人学习宽容。

好动与不满足是进步的第一必需品。

——爱迪生

## 都是自私惹的祸

私心是条虫，人若肯下狠心治死它，生命之树便会繁茂青翠；反之，怕它、爱它，一碰着它就疼得心如刀绞，等到虫子长大了，树就枯干了。

现今生活丰富多彩，可深入现代人群却发现人们心中充满了枯燥与疲惫。尽管发展给他们带来了不可替代的方便快捷，但人们却没有感觉到活得轻松了，反而感觉越活越累。

这是何故？累从何来？累不是来源于工作和劳动，而是因为心理上的忧愁和烦恼压制了人们的自由，欲望的膨胀使他们因为票子没别人的多，房子没别人的洋，车子没别人的好，妻子没别人的靓，穿的不如别人的时尚，用的不如别人的高档；自己说了话，对方不服从；一点小利益自己没得到；什么事没按自己的意思发展而烦恼愁苦。

仔细分析人们的这些烦恼，无不是为自己而生的，都是以"我"为中心，以唯我独尊为原则而有的，这就是中国成语中的"自寻烦恼"，为了自己的私心而寻来的烦恼。

从前，有两位很虔诚、很要好的教徒，决定一起到遥远的圣山朝圣。圣者看到这两位如此虔诚的教徒千里迢迢去朝圣，十分感动地告诉他们："我要送给你们每人一件礼物！不过你们当中一个要先许愿，他的愿望会马上实现，而第二个人则可以得到那愿望的两倍。"

其中一个教徒心里想：太好了，我已经想好我要许什么愿了，但我不能先讲,那样的话太吃亏了,应该让他先讲。而另一个教徒也怀有这样的想法:我怎么可以先讲,让他获得两倍的礼物。于是,两个教徒就开始假装客气地推让起来。"你先讲!""你比我年长,你先许愿吧!""不,应该你先许愿!"两人彼此推来让去,最后两人都不耐烦了,气氛一下子变得紧张起来。"你干吗呀?""你先讲啊!""为什么你不先讲而让我先讲?我才不先讲呢!"

到最后,其中一个气呼呼地大声嚷道:"喂,你再不许愿的话,我就打断你的狗腿,掐死你!"另外一个见朋友居然和自己翻脸,而且还恐吓自己,干脆把心一横,狠狠地说道:"好,我先许愿!我希望……我的一只眼睛瞎掉!"

很快的,这位教徒的一只眼睛瞎掉了,而与此同时,他朋友的双眼也立即瞎掉了!本是一件皆大欢喜的事,却因为两人的自私而成了悲剧。

所以,人若想活得轻松,活得年岁长,就应当放下私心,少为自己着想,多为别人着想,与此同时便会找到快乐。"助人为乐"嘛,在帮助别人的同时,你便会发现心灵上有一种说不出的快乐,心里乐了,脸上笑了,笑容是最好的化妆品,即使长得再丑,若用笑容来妆饰便觉可爱,若长得很漂亮,却天天愁眉苦脸,像别人欠他两百块钱似的,人人见了人人烦。

> 一时强弱在于力,千秋胜负在于理。
>
> ——曹禺

# 第七章
# 有境界,做争气上进的自己

愚蠢的人只会生气,而聪明的人懂得去争气。把生气转化为争气,不也是人生的一种至真至纯的境界吗?

## 甩掉怨气，夯足底气

在生活中，人总是会有顺境，也有逆境，人的一生有巅峰，也会有低谷。每个人都希望自己被人重视，受人尊重，得到大家的欢迎，但有时又难免会被人嘲弄，受人侮辱，遭到别人的排挤。生活在给了我们快乐的同时，也给了我们数不清的失落和伤心，真正的人生需要磨炼，面对这些不如意，如果只是一味地抱怨、生气，那么就注定了你永远是个弱者，而真正的强者是学会坚强，积极向上，以平和的心态让自己做得更好，这样才能使自己的人生过得更快乐更充实，正如人们常说的，把怨气变为争气，给自己足够的底气。心中咽下了怨气，才能争气。

难听的话像一把锐利的剑，可以直接刺穿你的心脏，不过你也可以在它刺向你的时候伸手握住它，使它成为你的利器。有的人能够很坦然地面对这一切，表面上不动声色，暗地里鼓足了劲儿，发誓有一天要让别人大吃一惊，痛并快乐着；有的人却整天为一点小事火上心头，甚至悲观丧气，怨天尤人，结果只能让别人更加看不起自己。所以不要让自己的人生充满了遗憾，换个角度想想，如果我们自己足够优秀，会遭到别人的嘲讽吗？为什么不能坦然地面对这一切呢？俗话说：不蒸馒头争口气。让自己快乐起来的最好方法就是为自己打气，让自己做得更好。当我们走过一个个困境时，我们就会发现自己变得更强大了，懂得的也更多了。

愚蠢的人只会生气，聪明的人懂得去争气，积极向上，夯足自己的底气,才是最好的方法。

每个人都希望自己能顺利、平安地度过一生,每个人都希望自己是人群中最受尊重、最受欢迎的。但总有人难免会遭人侮辱、受人排挤,生活能给我们带来快乐,也可能给我们带来伤痛,这就是我们需要面对的。有的人可以坦然面对一切,有的人却整天为一点小事斤斤计较或是悲观丧气。很多时候往往是我们自己过于追求那些虚无的名利,很多时候是我们把责任推到别人身上。

只有愚蠢的人才会一味地沉迷于生气,聪明的人会想尽一切办法争气!一个人最重要的是要学会让自己强大起来,而不是想着怎样去计较一些鸡毛蒜皮的小事,这样最终伤害的是自己。

对一般人而言,由生气转为争气想到很容易,但做到却很难。这中间往往有一条很多人逾越不了的鸿沟,这就是他们缺少一种坚强的志气与毅力。

人生多变幻,这是不幸,也算是幸运,因为它给了我们努力的希望和勇气。当然,被人欺负、不受尊重、事与愿违,这是不论放在谁身上都会生气的事,可是话又说回来,光发怨气有用吗?可以解决实际问题吗?当然不能。所以,我们不能只怨天尤人,我们要做的就是不要让自己小肚鸡肠,不要让自己斤斤计较那些虚无缥缈的名利,不要为眼前暂时的不幸而悲观,不要在乎别人的说法,我们只要在人格上、智慧上和力量上使自己更加强大,许多问题就会迎刃而解了,把怨气变为争气就是这个道理。

只要还有欲望就有活下去的理由,面对人生的烦恼与挫折,人最重要的是摆正自己的心态,积极地面对一切。一味地抱怨与生气,最终受伤的只有自己。越是逆境之中,越要保持良好的心态,生气并没有用,只有为自己争气,这才是唯一的出路。

### 如何不生气，怎样不抱怨

因为机会只属于那些立定志气，并为之辛勤耕耘的人，换句话说，机会只钟情于那些有备而来的人。

现实生活中，人人都在忙碌，忙工作，忙学习，有些人做起事来如鱼得水，游刃有余，而有些人却四处碰壁，乱发脾气，不仅搞得自己心情不佳，也让周围的人跟着遭殃。更何况发脾气只能证明自己的能力不佳，这又是何苦呢？静下心来想一想，为什么只有你一个人这么不如意呢？想一想那些有成就的人吧，他们是不是遇到了问题也都像你一样气急败坏、怨气冲天，指责这世道的不公呢？既然他们有了成就，就自然有一套成功地解决问题的好办法。他们遇到了困难总是能够沉着冷静，想办法去解决，从不埋怨，更不会把责任推到别人的身上。你无法改变别人，但是完全可以改变自己，假如你把你发怨气的时间用来发展自己、强大自己，暗暗地争口气，等到出成绩的时候他们就会对你刮目相看了。

> 理智的自我教育和培养能带来益处，而失去理智将带来危害。
> ——苏格拉底

## 咽下怨气，努力争气

阿光今年刚从大学毕业，他学的是英文，自认为无论是听、说、读、写，对他来说都只是雕虫小技。

由于他对自己的英文能力相当自信，因此寄了很多英文简历到一些外资公司去应聘,他认为英文人才是就业市场中的绩优股,肯定人人抢着要。

然而,一个星期接着一个星期过去了,阿光投递出去的应征信函却了无回音,犹如石沉大海一般。

阿光的心情开始忐忑不安,此时,他却收到了其中一家公司的来信,信里刻薄地写道:"我们公司并不缺人,就算职位有缺,也不会雇用你,虽然你认为自己的英文水平较高,但是从你写的简历看来,你的英文写作能力很差,大概只有高中生的水平,连一些常用的语法也错误百出。"

阿光看了这封信后,气得火冒三丈,自己好歹也是个大学毕业生,别人怎么可以将自己批评得一文不值。阿光越想越气,于是提起笔来,打算写一封回信,把对方痛骂一番,以消除自己的怨气。

然而,当阿光下笔之际,却忽然想到,别人不可能会无缘无故写信批评他,也许自己真的是太过于自以为是,犯了一些自己没有察觉的错误。

因此,阿光的怒气渐渐平息,自我反省了一番,并且写了一封感谢信给这家公司,感谢他们指出了自己的不足之处,用字遣词诚恳真挚,把自己的感激之情表露无遗。

几天后,阿光再次收到这家公司寄来的信函,他被这家公司录取了!

证严法师曾说:"一般人常说,要争一口气,其实,真正有功夫的人,是把这口气咽下去。"

人往往只看得见别人的过错,却看不见自己的缺失,面对别人的指责,也常常不加自省,反倒以恶语相向来掩饰自己的心虚。

言者无意,听者有心,一切在于你如何用心来面对人生的挫折,你可以反驳别人的批评,斥责别人的无知,但这样并不

-141-

会使你在别人心目中的地位提高，反而得不偿失。

只有痛定思痛、反求诸己的人，才可以化干戈为玉帛，知过能改胜过学富五车，千金也难买。

麦金莱任美国总统时，因一项人事调动而遭到许多议员政客的强烈指责。在接受代表质询时，一位国会议员脾气暴躁、粗声粗气地给总统一顿难堪的讥骂，但麦金莱却若无其事地一声不吭，听凭这位议员大放厥词，然后用极其委婉的口气说："你现在怒气该平息了吧？照理你是没有权利责问我的，但现在我仍愿意详细解释给你听……"

说罢，那位气势汹汹的议员只得羞愧地低下了头。

的确，在生活中，遭到别人的指责和抱怨的事情常可碰到。遭人指责抱怨，是件极不愉快的事，有时会使人觉得很尴尬，尤其是在大庭广众面前受到指责，更是不堪忍受。但从提高一个人的处世修养角度讲，无论你遇到哪种情况的指责，都应该从容不迫，对者有则改之，错者加以耐心解释，泰然处之。

> 世界上没有比快乐更能使人美丽的化妆品。
> ——布雷顿

## 把缺点变成发展的机会

美国总统罗斯福是一个有缺陷的人，小时候是一个脆弱胆小的学生，在学校课堂上总显露出一种惊惧的表情。他呼吸就好像喘大气一样。如果被喊起来背诵，立即会双腿发抖，嘴唇

第七章 有境界，做争气上进的自己

也颤动不已，回答问题含含糊糊、吞吞吐吐，然后颓然地坐下来。由于牙齿的暴露，难堪的境地使他更没有一个好的面孔。

像他这样一个小孩，自我的感觉一定很敏感，常会回避同学间的任何活动，不喜欢交朋友，成为一个只知自怜的人！然而，罗斯福虽然有这方面的缺陷，但却有着奋斗的精神———一种任何人都可具有的奋斗精神。事实上，缺陷促使他更加努力奋斗。他没有因为同伴对他的嘲笑而减低勇气。他用坚强的意志，咬紧自己的牙床使嘴唇不颤动来克服惧怕。

没有一个人能比罗斯福更了解自己，他清楚自己身体上的种种缺陷。他从来不欺骗自己，认为自己是勇敢、强壮或好看的。他用行动来证明自己可以克服先天的障碍而得到幸福。

凡是他能克服的缺点他便克服，不能克服的他便加以利用。通过演讲，他学会了如何利用一种假声，掩饰他那无人不知的龅牙，以及他的打桩工人的姿态。虽然他的演讲中并不具有任何惊人之处，但他不因自己的声音和姿态而遭失败。他没有洪亮的声音或是威严的姿态，也不像有些人那样具有惊人的辞令，然而在当时，他却是最有力量的演说家之一。

由于罗斯福没有在缺陷面前退缩和消沉，而是充分、全面地认识自己，在意识到自我缺陷的同时，能正确地评价自己，在顽强之中抗争，不因缺陷而气馁，甚至将它加以利用，变为资本，变为扶梯而登上巅峰。在晚年，已经很少有人知道他曾有严重的缺陷。

拿破仑也是一个通过战胜缺陷而走向成功的人。拿破仑的父亲是一个极高傲但是穷困的科西嘉贵族。父亲把拿破仑送进了一个在布列讷的贵族学校，在这里与他往来的都是一些在他面前极力夸耀自己富有而讥讽他穷苦的同学。这种一致讥讽的行为，虽然引起了他的愤怒，而他却只能一筹莫展，屈服在威势之下。

### 如何不生气，怎样不抱怨

后来实在受不住了，拿破仑写信给父亲，说道："为了忍受这些外国孩子的嘲笑，我实在疲于解释我的贫困了，他们唯一高于我的便是金钱，至于说到高尚的思想，他们是远在我之下的。难道我应当在这些富有高傲的人面前谦卑下去吗？"

"我们没有钱，但是你必须在那里读书。"这是他父亲的回答，因此使他忍受了五年的痛苦。但是每一种嘲笑，每一种欺侮，每一种轻视的态度，都使他增加了决心，发誓要做给他们看看，他确实是高于他们的。他是如何做的呢？这当然不是一件容易的事，他一点也不空口自夸，他只在心里暗暗计划，决定利用这些没有头脑却傲慢的人作为桥梁，去使自己得到技能、富有、名誉和地位。

等他到了部队时，看见他的同伴正在用多余的时间追求女人和赌博。而他那不受人喜欢的体格使他决定改变方针，用埋头读书的方法去努力和他们竞争。读书是和呼吸一样自由的。因为他可以不花钱在图书馆里借书读，这使他得到了很大的收获。他并不是读没有意义的书，也不是专以读书来排遣自己的烦恼，而是为自己将来的理想作准备。他下定决心要让全天下的人知道自己的才华。因此，他在选择图书时，也就是以这种决心为选择的范围。他住在一个既小又闷的房间内。在这里，他面无血色，孤寂，沉闷，但是他却不停地读下去。他想象自己是一个总司令，将科西嘉岛的地图画出来，地图上清楚地指出哪些地方应当布置防范，这是用数学的方法精确计算出来的。因此，他的数学才能获得了提高，这使他第一次有机会表示能做什么。

拿破仑的长官看见他的学问很好，便派他在操练场上执行一些工作，这是需要极复杂的计算能力的。他的工作做得极好，于是他又获得了新的机会，拿破仑开始走上有权势的道路了。

这时，一切的情形都改变了。从前嘲笑他的人，现在都涌到他面前来,想分享一点他得到的奖励金;从前轻视他的人,现在都希望成为他的朋友;从前揶揄他是一个矮小、无用、死用功的人,现在也都开始尊重他。他们都变成了他的忠心拥戴者。

难道这是天才所造成的奇迹改变的吗?抑或是因为他不停地工作而得到的幸福呢?他确实聪明,他也确实肯下功夫,不过还有一种力量比知识或苦功来得更为重要,那就是他那种想超过戏弄他的人的决心。

假使他那些同学没有嘲笑他的贫困,假使他的父亲允许他退出学校,他的感觉就不会那么难堪。他之所以成为这么伟大的人物,完全是由他的一切不幸造成的。他学到了由克服自己的缺陷而得到胜利的秘诀。

做人最大的乐趣在于通过努力的奋斗去获取我们想要的东西,所以有缺点意味着我们可以进一步完美,有匮乏之处意味着我们可以再进一步。当一个人什么都不缺的时候,他的生存空间就被剥夺了。如果我们每天早上醒过来,感到自己今天缺点儿什么,感到自己还需要更加完美,感到自己还有追求,那是一件多么值得庆幸的事!

美国杰出的学者戴尔·卡耐基说过:"一种缺陷,如果生在一个庸人身上,他会把它看作是一个千载难逢的借口,竭力利用它来偷懒、求恕、懦弱。但如果生在一个有作为的人身上,他不仅会用种种方法来将它克服,还会利用它干出一番不平凡的事业来。"但愿那些深为自己的缺陷而苦恼、自卑的人,能从这句话中得到启迪,甩掉包袱,振作起来,重新塑造一个美好的形象。

> 凡百事之成也在敬之,其败也必在慢之。
>
> ——司马光

# 扑灭嫉妒之火

生活中，人们常常面对"嫉妒"的困扰。嫉妒是什么呢？嫉妒是一种难以公开的阴暗心理，也是一种以自己地位相似、水平相近、年龄相仿的同辈人为指向的带有敌意的心理倾斜现象。嫉妒是心灵的地狱，这种心理情绪的特征是：不能认可他人比自己强，只能陶醉于他人不如自己或以他人的失利为满足的情感体验之中。

嫉妒就像一把双刃剑，不仅伤人而且害己。有嫉妒心的人，自己不能完成大事业，就极力低估他人的能力，贬低他人的成就，在伤害别人的同时，搞得自己也很不开心。它不仅是人际关系的腐蚀剂，破坏团结，伤害同事，也导致嫉妒者自己身心能量的无端耗费和自身健康的无端受损。法国作家巴尔扎克说："嫉妒者受的痛苦比任何人遭受的痛苦更大，他自己的不幸和别人的幸福都使他痛苦万分。"

古时候有一个人，他非常嫉妒邻居的幸福生活，他的邻居越高兴，他就越难受；他邻居的生活过得越好，他越是不痛快。每天都盼望他的邻居倒霉，或盼望邻居家着火，或盼望邻居得什么不治之症，或盼望邻居的儿子夭折……然而每天他都能看到邻居活得好好的，微笑着和他打招呼，这使得他的心理更加的阴暗，恨不得给他们家里放一把火，把他们全家都烧死，但是又怕要偿命，所以一直忍着。在这种心态下，他每天都受到嫉妒这条毒蛇的啃咬，身体日渐消瘦，心口就像压了一块石头，吃不下也睡不着。

有一天，他终于想到了一个办法，能够给他的邻居制造一点晦气。于是晚上的时候他跑去花圈店里买了一个花圈,想要偷偷地放到邻居家的院子里。可是当他走到邻居家门口的时候,听到里面有人在哭,此时邻居正好从屋里走出来,看到他送来一个花圈,忙说:"这么快就过来了,谢谢!谢谢!"原来是邻居的父亲去世了,他的到来让邻居以为他是来致哀的。这人顿觉无趣,"嗯"了两声,便走了出来。

这个故事中的主人公就是典型的嫉妒心理在作怪。他把自己置于一种心灵的地狱之中,折磨自己,但是最终却一无所得,只能使自己日渐憔悴。嫉妒是一把火,烧毁自己的同时也伤害别人。所以说,你在嫉妒别人的同时,实际上也是在折磨自己。常存嫉妒之心的人,他们的心理很难平衡,植物神经容易紊乱,生理功能随之波动,身心健康由之损害,疾病滋生矣。尤其是心理疾病:心神不定、专攻心计、劳心烦神、睡眠不宁、心情焦躁、魂难守舍……可能导致各种生理疾病乘虚而入。

嫉妒往往是和心胸狭隘、缺乏修养联系在一起的。心胸狭隘的人会因一些微不足道的小事而产生嫉妒心理,还把时间和精力消耗在勾心斗角上,使得正常的工作效率减退,业绩下降。别人任何比他强的方面都成了他嫉妒的缘起。

英国哲学家培根说,人类"最卑劣、最堕落的情欲是嫉妒,嫉妒这恶魔总是在暗暗地、悄悄地'毁掉人间的好东西'"。中国诗人艾青说:"嫉妒——是心灵上的毒瘤。"可见,嫉妒的危害性是多么的大。因此,我们一定要远离嫉妒,哪怕心灵中产生的只是嫉妒的火星,也要及时将其扑灭,绝不能让嫉妒之火烧毁我们的灵魂。

> 想匆匆忙忙地完成一件事以期达到加快速度的目的,结果总是要失败的。
>
> ——伊索

## 即使失意也不可失志

人生如航船，并非一帆风顺，有风平浪静，也有大浪滔天。风平浪静时，不喜形于色，风吹浪打时，不悲观失望，我自岿然不动。只有这样，人生的航船，才能顺利地驶向成功的彼岸。

人有悲欢离合，月有阴晴圆缺，情场失意、亲人反目、工作不如意……这些事情总会不经意间困扰我们，使我们的情绪跌至低谷。人生得意须尽欢，而人生失意时也不能停下脚步，也应该积极进取。条条大路通罗马，此路不通，不妨换条路试试，不妨来个情场失意工作补。处在人生的低谷，悲观、痛苦、怨天尤人都没有用，只会让自己越陷越深。越是逆境，我们越应该积极地去面对。

莎士比亚曾说：假使我们自己将自己比作泥土，那就真要成为别人践踏的东西了。其实，别人认为你是哪一种人并不重要，重要的是你是否肯定自己；别人如何打败你，并不是重点，重点是你是否在别人打败你之前，就先输给了自己。很多人失败，通常是输给自己，而不是输给别人。因为自己如果不做自己的敌人，世界上就没有敌人。

这是一个真实的故事：

美国从事个性分析的专家罗伯特·菲力浦有一次在办公室接待了一个因企业倒闭而负债累累的流浪者。罗伯特从头到脚打量眼前的人：茫然的眼神、沮丧的皱纹、十来天未刮的胡须以及紧张的神态。罗伯特想了想，说："虽然我没有办法帮助你，但如果你愿意的话，我可以介绍你去见本大楼的一个人，他可以帮助你赚回你所损失的钱，并且协助你东山再起。"

罗伯特刚说完，那个人立刻跳了起来，抓住罗伯特的手，说道："看在老天爷的份上，请带我去见这个人。"

罗伯特带他站在一块看来像是挂在门口的窗帘布前，然后把窗帘布拉开，露出一面高大的镜子，他可以从镜子里看到自己的全身。罗伯特指着镜子说："就是这个人。在这世界上，只有这个人能够使你东山再起，你觉得你失败了，是因为输给了外部环境或者别人了吗？不，你只是输给了自己。"

他朝着镜子走了几步，用手摸摸他长满胡须的脸孔，对着镜子里的人从头到脚打量了几分钟，然后后退几步，低下头，哭泣起来。

几天后，罗伯特在街上碰到了这个人，而他不再是一个流浪汉形象，他西装革履，步伐轻快有力，头抬得高高的，原来那种衰老、不安、紧张的姿态已经消失不见了。

后来，那个人真的东山再起，成为芝加哥的富翁。

我们奋斗在人生的旅程中，与天斗，与人斗，我们不轻易服输，相信只要自己努力就没有什么战胜不了的。然而很多时候，面对恶劣的环境，面对天灾人祸，面对尔虞我诈，是我们在心理上先否定了自己，是我们自己选择了放弃，选择了失败。

在生命旅途艰难跋涉的过程中，我们一定要坚守一个信念：可以输给别人，但绝不能输给自己。因为打败你的不是外部环境，而是你自己。失意不失志，生活永远充满希望，很多事情都可以重新再来，我们实在没有理由在悲伤中任时光匆匆飞逝。

嫉妒是一种比仇恨还强烈的恶劣情绪。

——阿里·基夫

## 生气不如争气

人生不经历风雨是不完美的,每个人也都不可能从一出生就是顺顺当当的。人生旅途,总会有许多的不如意或是不平事,在任何环境中,都可能会有乌云遮天、风雨袭击的时候,但我们总不该因此而退出人生战场吧!如何面对这些不如意,有的人可能会轻易放弃,怨天尤人,弄得自己满腹的怨气。

小时候,每当我们在外面因为什么事情不顺利,就会回家跟自己生闷气,那时家人总是笑着鼓励我们:"孩子,别生气了,生气有什么用,生气还不如争气!"正是这句话,时时鞭策着我们的人生。

近年来,媒体上关于学生为功课自杀,为恋人殉情的事件已是屡见不鲜,生活中由于种种误会而产生的摩擦也不少。常听人说:"我就是咽不下这口气,非得让他瞧瞧我的厉害!""我非得去讨个公道不可,我豁出去了。"……

其实爱生气,就是没福气!愤怒只是片刻的疯狂,一个人若没有自控能力,缺乏耐力,那他只能如同孩子一般不懂事。生气只能是一时的发泄,倘若一味地沉迷于诸多的气愤之中,也是于事无补。倒不如把这许多的抱怨转化为积极的行动,与其生气不如争气。因为生气会使人意气消沉,甚至影响身心健康,久而久之,会改变个人的心态,使人日渐冷漠,遇事消极。而把任何不满、不平的事转化成一股激励、鞭策自我的力量,忍辱负重,遇事冷静思考,终能熬过阴霾,改变人们的看法,获得最终的胜利。

第七章 有境界，做争气上进的自己

人活着就是一口气，要争气就得有志气。不，光有志气还不够，还要将它化成一股激励自己不断进取的力量，这样才能获得成功。人最大的敌人就是自己，战胜自己的人才算坚强，而战胜别人的人只是有力量而已。不仅如此，一个人的成功主要不在其有多高的天赋，也不在其有多好的环境，而在于其是否具有坚定的意志、坚强的决心和明确的目标。

人生道路很漫长，途中难免会有杂草、碎石阻挡，而这些只是一种考验，锻炼我们的毅力、耐心，使我们变得更勇敢、更坚强。失败乃成功之母啊！我们不必为了身边的那几块毫不起眼的石头，而放弃一整片绮丽、明媚的景色吧？我们一定要把握每一分、每一秒，生气不如争气，认命不如拼命！明天太阳照样会由东方升起，为我们带来新的阳光、新的希望！

> 不应该追求一切种类的快乐，应该只追求高尚的快乐。
> ——德谟克利特

## 忍一时怨恨，使终身受益

在为人处世中尽可能地去理解他人、体谅他人、关心他人、帮助他人，对人不求全责备，不斤斤计较，与人为善，宽宏大度，不计前嫌，不抱私怨，这些都是我们待人接物理应遵循的基本原则。只有这样，才能兼容万事万物，同各种人搞好关系，化解人与人之间的矛盾冲突，沟通人与人之间的心灵、感情，增加了解，加深友情，从而促进人际关系的和谐融洽。即使碰到不顺心、难如意的事也不要斤斤计较，耿耿于怀。这必然要求我们在实际生活中真正做到宽容待人、豁达处世。

"胯下之辱"这个故事大家可能都比较熟悉。西汉大将韩信年轻时曾受到一个屠夫的为难，那个屠夫骄狂地对韩信说："你敢不敢在我身上扎两刀？如果不敢，那么就从我胯下爬过去。"韩信听罢，非常生气，心想自己一身武艺还怕你一个小无赖不成？正待发作，但转念一想，我为什么要跟一个屠夫一般见识呢？等以后我有了本事，再来收拾他也不迟啊！于是一咬牙，从屠夫胯下爬了过去。虽然后来韩信做了大将军，但并未惩治屠夫，而是委派他担任了一个职务。

从这个事例，我们可以看出：人在遇到不顺心的事情或是挫折的时候，不要意气用事，只知道生气，而是要学会把怒火放在心底，暂时压一压，把这种怒火转化为前进的动力。

青年人心理还不成熟，遇事则更容易受情绪控制，一旦受了委屈，遇到挫折，便容易失去理智而做出一些傻事、蠢事来。因此，遇事都要先问问自己，"这样做对不对？""这样做的后果如何？"多问几个为什么之后，可以有效地克服"豁出去"的想法和做法。

有个男孩，当他带着给女友买的礼物回家的那天，想不到自己的女友竟然正在与另一个男青年举行婚礼。一时间，多少愤怒、多少痛苦涌上心头，他真想冲进去搅个天翻地覆。但是，理智使他控制住了脚步，他不断地问自己："我这样做就能够得到爱情吗？"于是，在极短的时间内，他及时调整了情绪，克制了感情和行为的冲动，很有礼貌地将礼物送给昔日女友。

> 我们在盛怒之下打出的每一拳，最终必定落到我们自己身上。
>
> ——彭威廉

第七章 有境界，做争气上进的自己

# 让每一天都充满希望

　　曾经主持中央电视台《第二起跑线》节目的贺斌唱过一首歌，歌词大意是：一天一个太阳，点燃新的希望；一天一个月亮，美丽不要惆怅；一天一个故事，每个都不寻常；一天一个生日，放飞心中的梦想。

　　歌词写的是多么的美妙，是的，每天给自己一个希望，我们就不会有时间去抱怨，去悲哀，生命就不会浪费在一些无聊的琐事上。

　　有人也许会问，希望到底是什么？我认为，希望是激发我们生命激情的催化剂，是引爆我们生活潜能的导火索。

　　有位医生素以医术高明享誉医学界，事业蒸蒸日上。但不幸的是，就在某一天，他被诊断患有癌症。这对他不啻当头一棒，他一度情绪低落，但最终他还是接受了这个事实，而且他的心态也变得更宽容，更谦和，更懂得珍惜所拥有的一切。在勤奋工作之余，他从没有放弃与病魔搏斗。就这样，他已平安地度过了好几个年头。有人惊讶于他的事迹，就问他是什么神奇的力量在支撑着他。这位医生笑吟吟地答道：是希望。几乎每天早晨，我都给自己一个希望，希望我能多救治一个病人，希望我的笑容能温暖每个人。这位医生不但医术高明，做人的境界也很高。

　　生命是有限的，然而希望却是无限的。只要我们活着，就不要忘记每天给自己一个希望，给自己一个目标，也可以说给

### 如何不生气，怎样不抱怨

自己一点信心。这样，我们的生活就充满了生机和活力。只要每天都给自己一个希望，我们的生命便不会浪费在一些无谓的叹息和悲哀中。

在这个世界上，有许多事情是我们难以预料的。我们不能控制际遇，却可以掌握自己；我们无法预知未来，却可以把握现在；我们不知道自己的生命到底有多长，却可以安排我们现在的生活。

我们左右不了变化无常的天气，却可以调整自己的心情。在遇到挫折而生气不开心的时候，只要想一想，前方会有希望，把生气转化为争气的动力，我们就真的达到了一种至高的境界。

> 爱并不是谁为谁牺牲，谁为谁做什么，一旦爱变成这样，这就不是爱。
>
> ——梅赫尔·塞恩

# 第八章
# 懂忍耐，做目光长远的自己

　　从任何一个角度讲，抱怨和乱发脾气都只有消极的影响。在大多数时候，我们需要忍。忍小谋大，暂时的忍让是一种大智慧，既是为了内心的宁静也是为了以后的事业。

如何不生气，怎样不抱怨

# 小不忍则乱大谋

　　遇事心急气躁的人不会把事情处理得稳妥得当，相反，心态平和、遇事冷静的人则会处理得很好。应对复杂形势应该像面对政务危机那样，必须保持清醒的头脑，仔细计划，忍小谋大。过于忍让，犹豫不决而贻误战机，也是不可取的。忍要忍得恰到好处，不能失了分寸，果断决策，见机行事便是恰到好处的具体解释。中国有一种扑克牌游戏叫做"斗地主"，其中"地主"的精髓在于"忍"，很多斗地主的高手都知道这个道理，并烂熟于胸。总有时候对手会给你上手的机会，"忍"时常会逆转战局。

　　2006年，德国世界杯终于结束了，"大力神"杯被意大利人高高捧起。这样一种结果，与法国队队长齐达内在加时赛中被红牌罚下是不无关联的。比赛的前110分钟，齐达内充当着上帝的角色，令比赛一直难分胜负。马特拉齐一句恶语如毒刺般刺进齐达内最敏感的那根神经，打到了他的七寸，终于激怒了在球场上表现出色的齐达内。齐达内因为马特拉齐的一句恶语而撞倒了他，最终被红牌罚下场。一代巨星齐达内，就这样黯然退出赛场，以这种悲壮的方式告别了自己的足球生涯，无法实现自己再夺世界杯的心愿。绝对没有人会想到齐达内会以这样的方式告别世界杯，本来他应该可以以王者的姿态留下，以更完美的方式离开。作为一个血性男儿，在那一刻他没有保持冷静的头脑，从而演绎了小不忍则乱大谋的悲剧。

　　"小不忍则乱大谋"已经成为一些人用以告诫自己的座右

铭。有志向、有理想的人，不应斤斤计较个人的得失，更不应该在小事上纠缠不清，而应有开阔的胸襟和远大的抱负。只有这样，才能成就大事，从而实现自己的梦想。在职场中，往往有很多表面上看起来是吃亏的事情，实际上则是一个实现自己理想很好的突破口。比如，工作的调动，环境的变迁等等。面对这些事情，我们应该做到泰然处之，看这些事情对自己的长远发展是否有利，而不去盲目地做一个有勇无谋的匹夫。"小不忍则乱大谋"，心胸开阔，目光放远一些，学会"忍"。

> 忍耐和时间，往往比力量和愤怒更有效。
> ——拉封丹

## 面对中伤，保持冷静

在 20 世纪 60 年代的美国，有一位很有才华、曾经做过大学校长的人，竞选美国中西部某州的议会议员。此人资历很高，又精明能干、博学多识，唯一的不足就是遇到不好的事情总是爱生气、发火，不过总体看起来他还是很有希望赢得选举的胜利的。但是，糟糕的事情还是发生了。在选举的中期，有一个很小的谣言散布开来：三四年前，在该州首府举行的一次教育大会中，他跟一位年轻女教师有那么一点暧昧的行为。

这实在是一个弥天大谎，这位候选人对此感到非常愤怒，并尽力想要为自己辩解。由于按捺不住对这一恶毒谣言的怒火，在以后的每一次集会中，他都要站起来极力澄清事实，证明自己的清白。其实，大部分的选民根本没有听到过这件事，但是，现在人们却越来越相信有这么一回事，真是越抹越黑。公众振振有词地反问："如果他真是无辜的，为什么要百般为自己狡辩呢？"这位候选人听到以后，更加气愤，情绪变得异常糟糕，也更加气急败坏、声嘶力竭地在各种场合下为自己洗刷，谴责谣言的传播。然而，这却更使人们相信谣言的真实性。最悲哀的是，连他的太太也开始转而相信谣言，夫妻之间的亲密关系也被破坏了。

最后，他竞选失败了，并从此一蹶不振。

在这个故事中，这位候选人因为没有冷静地对待本来很小的事情，而成为他竞选的最大阻碍。可见，在小事上需要有忍的态度和修养。

人们在生活中有时会遇到恶意的指控、陷害，甚至经常会遇到种种难以忍受的恶语中伤。遇到这些不如意的事情，如果我们不能保持冷静的头脑，暴跳如雷，大动肝火，结果只能像上面故事中讲的一样，把事情搞得更糟。克制自己的愤怒情绪，只有冷静，才能让你保持清醒，想出真正解决问题的办法。

> 忍受耻辱比忍受冒犯容易。
>
> ——杰·泰勒

# 忍一时，成就一世

很多人在工作中都会遇到一些不如意、不顺心的事情，在这种情况下，大多数人都会选择离职，或因是否离职而犹豫不决。

他们认为别的公司都是理想的,殊不知,再好的公司也很难使人有"完美无瑕"的感觉,一旦发现新公司并不是自己所想象的那样,定会重蹈覆辙,永无休止地徘徊在求职和离职之间。

有家公司的老总是一位女性,在工作中,她对网站的专业知识不是太懂。小李在帮一个客户做网站时,因为这个客户很重要,老板就亲自监工。但是她在一旁指手画脚让小李无所适从:听吧,不专业;不听吧,人家又是老板。结果那个网站做得是一塌糊涂,老板便把工作中出现的错误全部归结到了小李工作不认真上,小李也没办法,只好"哑巴吃黄连——有苦难言"。

经过这次教训后,再有其他的工作任务时,小李就拒绝了老总的瞎指挥,做出的东西客户们都很满意。两个月后,老板就给小李加了薪。

如果小李第一次受气的时候就提出离职的话,那肯定也就没有了后面加薪的出现。

在职场中,不要去计较一城一池的得失,更切忌冲动和无所顾忌,将大量的时间和精力浪费在不满上。如果站在不同的角度来剖析工作中存在的问题,认真挖掘其内在的真正原因,你会发现,你的工作会有很大的转变,既拥有了自己的发展空间又增强了别人对你价值的肯定,何乐而不为呢?

一个人无论在什么时候都要能屈能伸,不可计较一时的得失。当你意气用事的言行举止越来越少时,那么你成功的几率也就越来越大。只有在小事上能忍的人,才会摘得成功的果实。只有努力摒弃工作中的愤愤不平,在追求幸福和成功的路上才会少些崎岖,多些平坦。

> 希望是坚固的手杖,忍耐是旅衣。人凭着这两样东西,走过现世和坟墓,迈向永恒。
>
> ——罗高

# 沉稳忍让之心不可少

古之成大业者，必有沉稳忍让之心。沉稳忍让之心乃是成大业者之根本因素，如果没有这种心态，要想成功，恐怕会很难。

有一天，张良来到一座桥上，遇见一位老人。老人的鞋子正好掉到了桥的下面，他以命令的口吻叫张良下去捡鞋，然后再给他穿上。张良很听话地把鞋捡上来，并且跪着给老人穿上，一点也没有生气。老人看到张良心地善良，而且有忍让之心，就指着桥边的大树说："5天以后，在那里等我，我有东西给你。"

张良知道这个老人不同寻常，所以便按约定的日子去了，可是老人早已等候在那里，指着张良，生气地说："你这个小孩子和长者约会，为何迟到？5天以后还在这里等我。"

第二次，张良不敢怠慢了，半夜就到了约会的地点，结果还是迟到了。老人又把张良痛骂了一顿，让他5天以后再来。

第三次，张良再也不敢迟到了，约会的前一天就赶到了那里，并一直等候着。老人来了，见到张良非常高兴，说："孺子可教也。"

于是就送给张良一部兵书。据说，这部书就是《太公兵法》，而那位老人就是有名的兵法大师黄石公。

后来，张良帮助汉高祖刘邦打天下，成为运筹帷幄、决胜千里的著名谋士，与其说得力于这部兵书，不如说得益于他的那种处世方式。

"人在失意之时，要像瘦鹅一样忍饥挨饿，锻炼自己的忍耐力，等待机会到来。"这就是养鹅曾经给台塑董事长王永庆带来的重要启示。

抗战时期，日寇铁蹄下的宝岛台湾由于粮食不足，鹅饲料也更是缺乏。因此，只能让它们在野外吃些野草。如果正常喂养，鹅养4个月左右，就有五六斤重。可是，当时养的鹅，由于只吃野草，4个月下来，瘦得皮包骨头，只有两斤重。

王永庆买下了许多的瘦鹅，然后用包心菜的叶子喂它们。结果两斤重的瘦鹅，经过他两个月的用心饲养，重达七八斤，非常的肥。究其原因，是因为瘦鹅具有强韧的生命力，不但胃口奇佳，而且消化力极强，所以，只要有东西吃，它们立刻就肥起来了。

在快节奏的现代社会里，什么都讲究快速。放眼望去，吃的是快餐，读的是速成班，走的是捷径，渴望的是一夜暴富。在这样的一个社会里，人们更应该学会忍让之术，这可以让你在忙碌的生活中少生一点气，多一分平和的心态。事业上，多一分忍让，就多一分成功的概率。所以一时的忍让，可以成就你一生的事业。

> 忍别人所不能忍的痛，吃别人所不能吃的苦，是为了收获得不到的收获。
>
> ——巴尔扎克

# 屈辱而愤，愤则兴

漫漫人生路，有太多的不如意，退一步是海阔天空，也是一种雅量，更是一种能忍的标志。守端禅师的师父是茶陵郁山主，有一天禅师骑驴子过桥，驴子的蹄子陷入桥的裂缝，趔趄了一下，禅师摔下驴背，忽然感悟，吟了一首诗："我有神珠一颗，久被尘劳关锁。今朝尘尽光生，照破山河万朵。"守端很喜欢这首诗，牢牢地背下来。有一天，他去拜访方会禅师。方会问他："你的师父过桥时跌下驴背突然开悟，我听说他作了一首很奇妙的诗，不知道你还记得吗？"

守端不假思索，完整地背诵了出来。等他背完了，方会哈哈大笑，笑完之后就起身走了。守端愕然，想不出是什么原因。第二天一大早，他就赶去见方会，问他为什么大笑。方会问："你见到昨天那个为了驱邪演出的小丑了吗？""我见到了。"方会说："你连他们的一点点都比不上呀。"守端听了吓了一跳说："师父什么意思？"方会说："他们喜欢人家笑，你却怕人家笑。"守端听了，当场就开窍了。

如果你不能接受一次嘲笑，将会受到别人更多的挑剔和攻击。人生中，如果你不能忍一时之痛，那么你的痛苦将是长久的。其实，人生的各种境遇，都是我们学习的功课。有人能处逆境，却未必能处顺境。一个人将用什么样的心态，面对自己所处的环境，这就要看他"忍辱"的功夫做得够不够。听说在监牢里被关押十几年二十几年的犯人，很多是带着满腔恨意出狱的。所以，出狱以后往往会变本加厉，犯下更大的罪案。在佛经里，"忍辱"是佛家奉行的"多波罗蜜"之一，其含义是很丰富的。挫折、打击固然要忍，成功与欢乐也要忍。一般人受到冤屈挫折，心理上总是愤愤不平。然而，正因为愤恨难消，痛苦煎熬也如影随形、挥之不去。如果把打击你的人看成来感化你的菩萨，谢谢他给你锻炼自己、提升自己的机会，心里没有怨恨，自然不会感到痛苦。有几位智障儿的家长说，经过漫长的岁月，他们已经能在照顾孩子的艰苦和磨难当中，慢慢体会到自己的心都被打开来了。

在逆境中忍辱负重、蹒跚前行，这个道理大家都明白，而在事事顺利、飞黄腾达的时候也要"忍辱"，恐怕就不容易理解了。

"春风得意马蹄疾，一日看尽长安花"，许多人在失意的时候还能刻苦自励，一旦春风得意，就放荡起来了，得意忘形，言行举止失了分寸，灾难祸害很快就随之而来。所以要居安思危，成功要忍，欢乐也要忍。屈辱，可以成为泯灭一个人理想之火的冰水，也可以成为鞭策一个人发奋成功的动力。要知道受屈辱是坏事，但也能变成好事。心理学家认为：人有三大精神能量源——创造的驱动力、爱情的驱动力和压迫、歧视的反作用驱动力。屈辱就是一种精神上的压迫，它像一根鞭子，鞭策你鼓足勇气，奋然前行。记得一位先哲说过，无论怎样学习，都不如他在受到屈辱时学得迅速、深刻、持久。屈辱使人学会思考，体验到顺境中无法体会到的东西；它使人更深入地去接触实际，去了解社会，促使人的思想得以升华，并由此开辟出一条宽广的成功之路。善于从屈辱中学习，实在是成就自己的一个重要因素。可是，要把屈辱变成成功的动力，并不是件容易的事。不论何时，都要高悬理想的明灯，树立起坚强的精神支柱，抡起行动的巨斧。只有如此，才能步入成功之旅。当你受到屈辱时，奋则兴，兴则进。

> 首脑必不可少的是忍耐。
>
> ——皮特

## 忍在羽化成蝶时

有个小孩在草地上发现了一个蛹，他捡回家，要看蛹如何羽化成蝶。

过了几天，蛹上出现了一道小裂缝，里面的蝴蝶挣扎了好几个小时，身体似乎被什么东西卡住了，一直出不来。

小孩看着这只蝴蝶费力地挣扎，于心不忍，心想：我必须助它一臂之力。于是，他拿起剪刀把蛹剪开，帮助蝴蝶脱蛹而出。可是蝴蝶的身躯臃肿，翅膀干瘪，根本飞不起来。

小孩以为几小时以后，蝴蝶的翅膀会自动舒展开来，他就慢慢地等待着。可是数小时过后，他的希望落空了，一切依旧，那只蝴蝶注定要拖着臃肿的身躯与干瘪的翅膀，爬行一生，永远无法展翅飞翔。

每一个生命的成长都充满了神奇与庄严，瓜熟蒂落，水到渠成；蝴蝶一定得在蛹中痛苦地挣扎，直到它的双翅强壮了，才会破蛹而出。

"揠苗助长"、"欲速则不达"，这是生活总结出的真谛。煎熬、磨炼、挫折、挣扎，这些都是成长必经的过程。

人们在做事之前的忍，在某种程度上，与蛹中的蝴蝶有相同的地方，也是以不变应万变，等待时机，一旦时机真的来了，成功则会如影随形。

到1985年年底快餐王国麦当劳总共卖出了600亿个汉堡，如果一个接一个排在一起，从地球排到月球，来回可绕7圈。大家可能不知道，这个庞大企业的创办人雷·克洛，他在1954年创业时，已经52岁了。他年过半百，一身是病：他割掉了胆囊，罹患糖尿病与关节炎，甲状腺还有肿大的现象。

当时雷·克洛正到处推销一种奶昔拌和器，此种机器可同时做出6份奶昔。有一天，一个酒吧老板告诉他，在加州圣贝纳予奴有一家麦当劳兄弟汉堡店，一口气订了8个奶昔拌和器，也就是说一次可以供应48杯奶昔。雷·克洛心想：哇！一次供应48杯奶昔，生意真好，真是闻所未闻，我一定要去看看。

不久，他就去参观了麦当劳汉堡店，他不只看到了这家店的作业流程，而且看出了这门生意连锁经营的潜力。当时麦氏兄弟在加州已有10家连锁店，但无意再扩大经营。雷·克洛以三寸不烂之舌说服他们让他去推销连锁店。

6年后，麦氏兄弟有意退休，雷·克洛以250万美元买下了整个麦当劳企业，而后逐步扩大，缔造了今天的麦当劳王国。

俗话说："不怕慢，只怕站。"对于那些慨叹时不我待的人，雷·克洛是个最好的榜样。不管是生活中还是职场中，只要有持之以恒的韧性，什么事都不嫌太迟，努力坚持，总会有成功的那一天。

> 幸运所需要的美德是节制，而逆境所需要的美德是坚忍。
> ——费·培根

## 收起硝烟，体现风度

职场生涯中，面对工作的调动、环境的变迁等这些看似不如意的状况，一个有志向、有理想的人，总是能够泰然处之，不会在这种小事上纠缠不清，更不会意气用事地去逞匹夫之勇。

李强在公司工作有两年了，其工作和处事能力都是无人能及的。但却有个坏毛病，就是性子太急，做什么事都风风火火、火急火燎的。

公司的发展很顺利，刚在外地成立了一个分公司，李强被委以重任，全力负责分公司的市场开发。这个消息在别人听来可能是个好消息，但李强一听，心里就不爽了，自己在公司任劳任怨两年之久，竟被扔到一个穷乡僻壤去开发市场，心里有说不出的难受与委屈。为此公司经理还特意找他谈心，说分公司的开发只是暂时的，等一切就绪后就会调他回来，可他还是毅然辞职离去。他离职后不久，分公司就交给另一个人去打理了，分公司发展得一帆风顺，那人才半年就又调回了总公司，而且还升了职。可这一切都与李强无关了。

事实上李强职场不得意的后果，严格来说，是他自己急躁性格的牺牲品。

一个人遇到他所不乐意的事情时，就会产生这种消极的情绪，它阻碍着一个人意志行动力的施展，也逐渐地在销蚀着人的耐心和意志力。

忍即是德。有句古语说，忍一百遍能使家庭和睦，若能再多则会得到幸福与成功。一个人的心理素质决定着一个人的命运。由于职场的压力大与节奏快，加上不可避免的政治背景，人很容易产生急躁的情绪。大发雷霆，出言不逊，得理不饶人，甚至拳脚相加，这些都会让你平日里的出色形象毁于一旦。经常耐不住性子、爱发火的人，同事会对你敬而远之，老板会认为你心理素质不过关，重要工作交给你定会出事。所以，情绪化的员工一般不会得到老板的器重，高升的机会会很少。要知道，职场和家庭是不一样的，不容许你有半点失态。即便你有再大的委屈，再大的不满，也要强行按捺住，收起自己的硝烟，体现出自己的风度来，哪怕你回家后大哭一场，现在的你，也要微笑面对职场中的一切。

真正优秀的职场人士，除了具备娴熟的工作技能外，还要有成熟的心理素质，不管在任何情况下都能克制自己的怒火，给人留下温和稳健的印象，这也是优秀职场人所应具备的修养和表现。

第八章 懂忍耐,做目光长远的自己

> 忍耐是涌起希望的技能。
>
> ——瓦福纳德

## 忍一忍,不会摔得狠

人生不如意事十之八九,想要在这个变幻无常的世界里生存,其中首要的一条就是要善于忍。

善于忍是人生的一种大智慧。历览古今中外,大凡胸怀大志、目光高远的有志之士,无不以大度为怀,拥有一种忍耐的优良品质。相反,小肚鸡肠,只言片语也耿耿于怀的人,是不可能有出息而成就大事业的。

小池塘里有一只乌龟,它和住在芦苇丛中的两只大雁是好朋友。后来发生旱灾,池水渐渐干涸,焦急万分的乌龟再也无法支撑下去了,岸边的两只大雁知道后,很同情乌龟的遭遇,想帮它迁移到另一个有水的地方。

最后它们想出了一个方法,找来一根树枝,叫乌龟衔在口中,两只大雁各衔一端,并交代乌龟在未到达目的地前,千万不能开口说话。

为了生存,乌龟只好听从指示,当它们在高空中飞过一个村庄的上空时,忽然被一群孩子发现,他们很惊讶地望着天空大声喊道:"乌龟被大雁衔去了,大家快来看呀!"

嘴巴紧咬树枝的乌龟,听到下面孩子的叫声觉得很受侮辱,心里非常生气,忍不住愤怒地回答:"我这样和你们有什么关系？"

乌龟嘴巴一松，立即从高空中跌下来，摔在坚硬的石头上，摔得粉身碎骨。

人世间没有十全十美的事，在极盛的时候就有衰败的征兆，正如花开满厅时便注定了落花飘零的情景。因此在安乐时要居安思危，在大难当头时要坚持隐忍，才能取得最终的成功！

对暂时斗不过的小人要忍耐，与其与狗争道被咬伤，还不如让狗先走。因为即使你将狗杀死，也不能治好被狗咬的伤！

人生在世，当忍则忍。喜欢逞一时之强，图一时之快，不考虑后果，甚至忘记自己是谁，在干什么的人，吃亏的往往是他自己。

> 卓越的人一大优点是：在不利与艰难的遭遇里百折不挠。
> ——贝多芬

## 学会低头，谦逊有礼

一个人要想在世上有所作为，"低头"是少不了的，低头是为了把头抬得更高、更有力。

大凡英雄豪杰，胸怀大志，打算干一番轰轰烈烈事业的人，都是能屈能伸的。这就好比一个身材矮小的人，要想攀爬高墙，必须要寻找一个梯子作为登高的台阶，假如一时寻找不到梯子，那么，即使旁边有一个矮树墩，也可利用作为晋升的阶梯。假如嫌它矮，那么你就爬不到高墙上去。

## 第八章 懂忍耐，做目光长远的自己

人们在制订目标时很理想，但往往在实践过程中都会遇到这样那样的困难和挫折，致使你气愤、胆怯、自卑、情绪冲动、灰心丧气、意志动摇等，立志越高，所遇到的困难就越大。猝然临之而不惊，无故加之而不怒，这就是大丈夫能屈能伸、乐观坚毅精神的表现。

苦难是一种考验，它选择意志坚韧者，淘汰意志薄弱者。要达到奇伟瑰丽的人生境界，要成就任重道远的伟业，必须具有远大的志向和坚韧的品质。

一场大雪过后，树林里出现了有趣的现象，只见榆树的很多枝条都被厚厚的积雪压得折断了，而松树虽然被压弯了腰却也表现出生机盎然的景象，没有受到丝毫的伤害。原来榆树的树枝不会弯曲，结果冰雪在上面越积越厚，直到将其压断，实在是备受摧残。而松树却与之相反，在冰雪的负荷超过自己的承受能力时，它便会把树枝垂下，积雪就掉落下来。松树树枝因能向下弯曲，使雪容易滑落，所以枝干依旧挺拔，巍然屹立。能屈能伸，刚柔相济，正是这种气度和风范使松树能经受一场场暴风雪的洗礼。

人世间的冷暖是变化无常的，人生的道路也是变化无常的，当你在遇到困难走不通时，或许退一步就会海阔天空；当你事业一帆风顺的时候，一定要有谦让三分的胸襟和美德，应该把功劳让给别人一些，不要居功自傲，更不要得意忘形。该进则进，该退则退，能屈能伸。

富兰克林年轻的时候到一位长者家里拜访，聆听前辈的教诲。没料到，身材高大的他一进门就撞到了门框上，头上立刻就鼓起了一个大包。富兰克林疼痛难忍，不停地用手指揉着自己头上的大包，两眼瞪着那个低于正常标准的门框。出门迎接的长者看到他那副狼狈不堪的样子，忍不住笑起来："年轻人，很痛吧？"这位长者语重心长地说，"这可是你今天来这儿的

-169-

最大收获。"

　　一个人要想在世上有所作为，"低头"是少不了的。低头是为了更高更有力地抬头。现实世界纷繁复杂，并不是想象的那么一帆风顺，面对人生旅途中一个个低矮的"门框"，暂时的低头并非卑屈，而是为了长久地抬头；一时的退让绝非丧失原则和失去自尊，而是为了更好地前进。只有采取这种积极而且明智的方法，才能审时度势，通过迂回和缓而达到目的，实现超越。对这些厚重的"门框"视而不见，傲气不减，硬碰硬撞，结果只能是头破血流，成为摆在风车面前的"堂吉诃德"。

　　富兰克林终身难忘前辈的忠告，将"学会低头，谦逊有礼"作为自己生活的准则和座右铭，并且身体力行，后来终成大器。

> 损人利己，分文不值，容不得他人本身就是自私，忍受不了他人的自私并加以谴责的其实也是一种自私。
> 　　　　　　　　　　　　　　——桑塔亚那

# 第九章
## 懂知足，做平淡质朴的自己

知足常乐。在物欲横流的年代，明白适可而止，那么每一天你都会活得开心自由，要知道，知足是享受快乐的另一种智慧。

如何不生气，怎样不抱怨

# 墨守心中那份满足

知足是一种心态，并不是不思进取，它能让你很平静地面对生活中的成功与失败。而真正成功的人，都有一颗平静的心。

人们常说一句话：知足者常乐。所谓知足，就是对现有的生活或者状态感到满足，不和别人攀比，能够时刻保持一种平和的心态。知足者有一种适可而止的精神，知足者有一种乐观豁达的心态，知足者有一种恬静淡然的处世态度，知足者有一种与世无争的高贵品质。知足者常能够在纷繁复杂的社会里找准自己的位置，并享受着那份快乐，所以，知足者常乐。

现如今，说这句话的人越来越多，但是能达到这种境界的人却越来越少。在社会的喧嚣热闹中，生活节奏越来越快，人总是很难享受到快乐，因为总是有此起彼伏的欲望，大有"倒了你一个，千万个站起来"的架势。于是人们为了名，为了利，上下奔跑，日夜烦恼，东西南北团团转，到最后期望的快乐没有如期到来，反而沦为了欲望的奴隶。所以，贪欲就像是一碗致命的毒药，无论谁喝了都无药可医。

> 人不可因人生的名声与荣誉而变得盲目，因为所有得来的东西都是外物。
>
> ——伊索

## 越想得到，就越容易失去

　　人都有贪念，贪念重一点就会演变成贪婪，明知是个圈套，但是却有越来越多的人掉入了这个陷阱中。人的欲望是无穷的，人们总是会在一个欲望得到满足后，就会产生一个更大的欲望，然后用尽自己的全力来实现，这就是贪婪。例如，当人们找到一份工作以后，刚开始想的是能解决温饱问题就行了，随着自己工作经验的日积月累，又想到如何才能升职、如何才能让老板为自己加薪、如何才能有一天出人头地，太多的人都是这山望着那山高，对自己的现状永远不满足，烦恼也就伴随着产生了。著名作家刘墉曾借用坐火车诠释了贪婪的本质：火车车厢内拥挤不堪，无立足之地的人会想，我要是能有一块站的地方就好了；有立足之地的人会想，我要是能有一个座位就好了；有座位的人就会想，我要是能有一个卧铺就好了；就连有卧铺的人还会想，这要是一个独立的包厢就太好了。社会上的一些人和这车上的乘客一样，总是不满足于自己所拥有的，所以快乐也就离他们很远。

　　从前有一个书生，他很穷，对于花钱已经不能用节俭而只能用吝啬来形容了。而他总是在想：如果有一天我有钱了，我绝不会像现在这样吝啬，我一定会去救济很多和我一样穷的人。一位神仙看他实在可怜，于是就大发善心，给了他一个布袋，对他说："你可以从这个布袋里拿出金币来，但是一次只能拿一块。"得到了布袋的书生小心翼翼地把手伸进了布袋，果然掏出了一块金币，于是他欣喜若狂，心想这下我要发财了，他不停地往外掏金币，他家里的床上、地上、麻袋里、箩筐里，全都装满了金币，可他还是舍不得收手，直到最后，书生筋疲力尽，他累死在了布袋旁边，他的身边堆满了金币。

人之所以不快乐，就是不知足。就像这个书生一样想要得到的太多，到最后却什么也得不到，甚至可能付出生命的代价。其实越想得到，就越容易失去。我们每个人从出生的那一刻起，就注定了会和有些东西失之交臂，感情上的不如意，事业上的不顺心，总是会让我们花费更大的精力来寻求平衡，但一个人的能力是有限的，总有些东西是我们顾不到的，所以不必苛求那些得不到的东西或办不到的事情，如果过于执着地追求，只能给自己徒增烦恼，得到和失去只在一瞬间，心态才最重要。所以，每个人都要学会知足，很多的快乐都建立在这两个字之上，如果你一辈子都在不停地完成自己一个又一个目标，却没有一丝一毫的幸福可言，那这样的人生又有什么意义呢？

> 善与恶的区别，在于行为的本身，不在于地位的有无。
> ——莎士比亚

## 欲望成空，终回起点

也许大家都知道《渔夫和金鱼的故事》，在那个故事中渔夫的老婆因为不满足于自己的私欲，而不断地向有魔力的金鱼索要自己想要的东西，最终因欲望的沟壑难以填平而恢复到了最原始的状态。虽然这只是个故事，但却深深地触动了人们的那颗心，因为这正是现实生活的真实写照。

八仙之一张果老自成仙以后，每日便在民间寻访度化。一天，他走到一个村口,看见一对年老的夫妇在摆摊卖水。于是他就走上前去,借买水的时间跟老夫妻搭话。

他问他们日子过得怎么样,老夫妻都说很贫困。

他又问他们有什么愿望,老夫妻都说要是能开个酒店卖酒日子就好过了。

张果老就告诉他们说,在他们村旁的山顶上有一块形状非常像猴儿的石头。石头旁边有3个泉眼。现在3个泉眼都被灰尘堵上。让他们明天去山上把灰尘都清理出来,泉眼就会自动流出有酒味的水来。又给他们一个葫芦,说把这个葫芦装满就可以了。

第二天天还没亮,老夫妻两个就爬上山去,找到了张果老说的那块石头,打扫干净了泉眼,看见果然有水流出来。舀一点尝尝果然是酒味。老夫妻两个大喜,装了一葫芦就回去卖了,恰好能卖一天。

他们两个就这样天天上山装酒回来卖,日子过得渐渐好起来。不知不觉一年过去了,张果老又来到这个地方。

他问老夫妻现在日子过得怎么样啊,老夫妻说,嗯,自从听了你的话找到酒后,日子还颇过得去。就是没有酒糟,不能喂猪,不然就更好了。

张果老听后,摇头叹息,念出一绝:"天高不算高,人心比天高。清水当酒卖,还嫌没有糟。"飘飘然去了。

从此以后,山上的泉眼就枯竭了,再也没有水酒涌出来了。

这个故事和《渔夫和金鱼的故事》有点相似,都通俗易懂、滑稽可笑,而且还蕴含了深刻的哲理。从这个故事中,我们可以看出,欲望是一个看不见底的深渊,一旦陷入,就很难再爬出来。有些人为了自己的私欲,贪污受贿、行凶抢劫等,走向犯罪的深渊。

人生就要知足,正所谓"知足常乐"嘛!知足心就静,心静自然乐在其中。在这个物欲横流的社会,要懂得知足的含义,更要做到知足,这样人生才会常乐,生命才会更有意义。

> 书籍使我变成了一个幸福的人,使我的生活变成轻快而舒适的诗,好像新生活的钟声在我的生活里鸣响了。
>
> ——高尔基

## 平淡生活,快乐常在

我们时常抱怨每天的生活平淡无味,其实,这不过是发现了一个真理——生活原本就是平淡无奇的。人之所以有不同的生活,当然是由于诸种因素的影响而有所不同,但从根本上说是由于有不同的心态。任何人的生活都有一个常规,而这个常规意味着每天要过同样的生活,平淡无奇的生活。曲折是有的,高潮是有的,但更多的还是平淡无奇,甚至是充满艰难困苦、需要拼搏的生活,这就要靠一颗从容稳定而又积极热情的心去体验。

生命只有一次,时间无比宝贵,你出多高的价钱也买不来。你觉得日子平淡,事情不如意,或者什么事情自己没有做好,这有多大的关系?抓住现在,重新开始!小孩子搭积木,喜欢推倒重来。我们也要积极探索,多几次新的尝试,正视生活中的一切。现实不可改变,那就接受;接受下来,再去寻求改变的可能。没有过不去的坎儿!你仔细地想想,是不是这样?

人间的不幸和悲剧除了战争、灾难和犯罪之外,主要是由什么因素造成的?不正是由陈腐的观念和不良的情绪造成的吗?不妨想一想,你所认识的那些感到幸福和自由的人们,他们似乎在任何一处都找得到快乐,其奥秘何在呢?

为了揭穿这个奥秘,我们可以做个小游戏。你口袋里有一枚一角的硬币,一般你不会珍惜,丢失了也不会在乎。但是,当它滚落到某个角落或者地沟里，你花了一番力气终于找到它，于是，它就变得比原先宝贵了。这就是寻找快乐的奥秘。快乐和不幸是事情的结果和个人所选择、期望的目标相符合的结果。目标越重要，实现它的困难就越大，一旦达到目的，如愿以偿，愉快的感觉也就越强烈。

有选择才有目标，有追求才有兴趣，有付出才有收获。如果不是这样，你说什么生活有意思？

没有钱，简直要命，当然会使生活变得更加没有意思。有了钱，就有意思，可这意思就在于为了挣钱而付出了辛苦。如果一个人终日养尊处优，无所事事，他也同样会感到生活乏味没有意思。

没有下海的人准会说那下海的弄潮儿活得有意思，可是已经在商海里扑腾了几回、发现挣钱很难的人又会说，海上风光如海市蜃楼，也没有多大意思！

由此可见，问题不在于生活本身有没有意思，而在于你以什么样的心态、意识去感受，在于你有没有选择的兴趣和追求的信心。平淡的日子，你可以有不平淡的感觉；没有意思的事情，你可以寻求它的有意思之处。这不是知足常乐，而是一种不知足也可以常乐的生活态度。

> 在人生的道路上能谦让三分，就能天宽地阔。
> ——卡耐基

# 知足，惜福

大地回春，万物复苏。

小草纤弱的身体从地里冒出来，用怯生生的眼光打量这个热闹的世界。"哎，我们小草在这个世界上多渺小啊！简直微不足道到一只蚂蚁也可以欺负我们！"小草有点感伤地感叹着。

一片即将凋零的树叶说："你是身在福中不知福呀！"

小草奇怪地问："我有福？"

树叶问："你愿意用你的生命来换取我的高位吗？"

"不愿意，我想活着。"小草说。

即将枯萎的鲜花问小草："你愿意用你的绿色换取鲜花开放的那一刻辉煌吗？"

"不愿意，绿色是我们小草的精神寄托。没有了绿色，小草怎么能叫做小草呢？"小草回答道。

山顶的孤柏问小草："要不，我们来换个位置，你到山顶来享受百年孤独和无友的痛苦，我到成千上万的小草中去感受那集体的力量。"

"我不要。"说完，小草回过头去，不知什么时候，它发现它的身后冒出成千上万的小草，它们手拉手构成了一片绿的世界。

这时，小草感叹道："我真是身在福中不知福啊！我拥有这么多令人羡慕的东西，还因为身份卑微而妄自菲薄，真是不应该呀！"

我们身份卑微的尘世中人，何不学学小草呢？无论有多么的普通与平凡，都拥有自己的一席之地，一片天空，一样的生与死的尊严。

因此，其实我们在任何时候，都应该用一颗平常心，一种豁达、满足的心境去看待我们身边的一切。也许，这才是真正的满足。

> 随着智慧的深邃，我们会变得更宽容。
> ——斯塔尔夫人

# 赶走你的不高兴

人们都愿意自己经常并永久地处于欢乐和幸福之中。然而，生活是错综复杂、千变万化的，并且经常发生祸不单行的事。频繁而持久地处于扫兴、生气、苦闷和悲哀之中的人必然会有健康问题、减损寿命。那么，遇到心情不快时，应采取什么对策呢？

### 1. 转移思路

当扫兴、生气、苦闷和悲哀的事情临头时，可暂时回避一下，努力把不快的思路转移到高兴的思路上去。例如，换一个房间、换一个聊天对象、有意去干一些活、去串门会一个朋友或有意上街去看热闹等。"难得糊涂"用在对待这类既烦心却又无关紧要的琐事上时，是改善心情再恰当不过的好办法。

### 2. 向人倾诉

心情不愉快却闷着不说会闷出病来，有了苦闷应学会向人倾诉。首先可以向朋友倾诉，这就需要先学会广交朋友。如果经常防范着别人的"侵害"而不交朋友，也就无愉快可言。没有朋友的话，不仅遇到难事无人相助，也无法找到可一吐为快的对象。把心中的苦楚能全盘倒给知心人并能得到安慰甚至给出建议的人，心胸自然会像打开了扇门。即使面对不很知心的人，学会把心中的委屈不软不硬地倾诉给他，心境也常能得到由阴转晴之效。

### 3. 亲近宠物

有意饲养猫、狗、鸟、鱼等小动物及有意栽植花、草、果、菜等，有时能起到排遣烦恼的作用。遇到不如意的事时，主动与小动物亲近，动物会逗人高兴，与小动物交流几句更可使不平静的心很快平静。择择枯黄的花叶、浇浇生菜或坐在葡萄架下品尝水果都可有效调整不良情绪。

### 4. 培养爱好

人无爱好，生活单调，与那些有着一两种令人羡慕的爱好的人相比，心中往往平添几分嫉妒与焦躁。除少数执着追求自己事业者外，许多人能培养自己的业余爱好。集邮、打球、钓鱼、玩牌、跳舞等都能使业余生活丰富多彩。每遇到心情不快时，完全可全身心一头扎到自己的爱好之中。

### 5. 多舍少求

俗话说"知足者常乐"，老是抱怨自己吃亏的人，的确很难愉快起来。多奉献少索取的人，总是心胸坦荡，笑口常开。整天与别人计较工资、奖金、提成、隐性收入的人心理怎么会平衡？只有听之任之，给多少也不在意的人心情才比较稳定。至于对别人能广施仁慈之心，包括当素不相识的路人遭遇困难时也能慷慨解囊、毫不吝啬的那些人也许很少出现烦心事。

> 正义的力量在于判断的坚决和无畏，反之，不义的结果则是对不幸的恐惧。
>
> ——爱略特

## 魔鬼害人之法

人世间,很多人由于太精明,事事想争先,处处想位于人前,不分何时都想出人头地,不知退让,到头来自己给自己招来祸患,使自己陷于无穷的烦恼之中。

有个老魔鬼看到人间的生活过得太幸福了,他说:"我们要去扰乱一下,要不然魔鬼就不存在了。"

他先派了一个小魔鬼去扰乱一个农夫。

因为他看到那农夫每天辛勤地工作,可是所得却少得可怜,但他还是那么快乐,非常知足。

小魔鬼开始想,要怎样才能把农夫变坏呢?

他把农夫的田地变得很硬,让农夫知难而退。

农夫刨了半天,做得很辛苦,但他只是休息一下,还是继续刨,没有一点抱怨。

小魔鬼见计策失败,只好摸摸鼻子回去了。

老魔鬼又派第二个去。第二个小魔鬼想,既然让他更加辛苦也没有用,那就拿走他所拥有的东西吧!

于是小魔鬼就把他午餐的面包跟水偷走,他想,农夫做得那么辛苦,又累又饿,却连面包跟水都不见了,这下子他一定会暴跳如雷!

农夫又渴又饿地到树下休息,想不到面包跟水都不见了!

他想:不晓得是哪个可怜的人比我更需要那块面包跟水,如果这些东西就能让他得到温饱的话,那就好了。

又失败了,第二个小魔鬼也弃甲而逃。老魔鬼觉得奇怪,

-181-

难道没任何办法能使这农夫变坏？

这时第三个小魔鬼对老魔鬼讲："我有办法，一定能把他变坏。"

小魔鬼先跟农夫做朋友，农夫很高兴地和他做了朋友。

因为魔鬼有预知能力，他就告诉农夫，明年会有干旱，叫农夫把稻种在湿地上，农夫便照做。

结果第二年别人没有收成，只有农夫的田地却大获丰收，因此他就富裕了。

小魔鬼每年都对农夫说当年适合种什么，3年下来，农夫就变得非常富有了。

他又叫农夫把米拿去酿酒贩卖，赚取更多钱。

慢慢地，农夫开始不工作了，靠着经济贩卖的方式，就能获得大量金钱。

有一天，小魔鬼告诉老魔鬼说："您看！我现在要展现我的成果了。这农夫现在已经有猪的血液了。"

只见农夫办了个晚宴，所有富有的人都来参加，喝最好的酒，吃最精美的餐点，还有好多的仆人侍候。他们非常浪费地吃喝，衣裳凌乱，醉得不省人事，开始变得像猪一样痴肥愚蠢。

"您还会看到他身上有着狼的血液。"小魔鬼又说。

这时，一个仆人端着葡萄酒出来，不小心跌了一跤。

农夫就开始骂他："你做事这么不小心！"

"唉！主人，我们到现在都没有吃饭，饿得浑身无力。"

"事情没有做完，你们怎么可以吃饭！"

老魔鬼见了，高兴地对小魔鬼说："唉！你太了不起了！你是怎么办到的？"

小魔鬼说："我只不过是让他拥有的比他需要的更多而已，这样就可以引发他人性中的贪婪。"

太多的追求只能让自己活得太累，太多的牵涉和羁绊只会让自己日渐憔悴。好高骛远，贪慕虚荣，永远也得不到真正的幸福，得到的只是无尽的遗憾和怨恨。

保持一种知足常乐的心态，可以让自己活得更轻松，活得更自在。知足常乐，不是一种生活的停滞，心灵的闭塞，更不是生命的自我践踏，它是一种物质上的贫乏，精神上的富有。

请保持一种知足常乐的心态吧，这样你的人生花朵就会从容地绽放，你的前程将充满阳光。

> 所谓内心的快乐，是一个人过着健全的、正常的、和谐的生活所感到的快乐。
>
> ——罗曼·罗兰

## 驱除过多的欲望

人作为高级动物，都有七情六欲。荀子说："人生而有欲。"从一定意义上讲，欲望是生命的动力，欲望贯串人的一生。

有这么一个流浪汉，常想着自己如果能有两万元就好了。一天，他在公园的躺椅上闭目养神，突然有一条狗用舌头舔他的脸。他看四周无人，便把狗抱起藏了起来。没想到这条狗的主人是个大富翁，爱犬丢失后他非常着急，便在当地媒体发了寻狗启事：如有拾到爱犬者送还后付酬金两万元。第二天，流浪汉看到这则启事，便抱上小狗准备去领酬金。这时，启事上的酬金已升到三万元，他想了想，又把狗抱了回去。第三天、第四天，酬金又涨了，直到第七天，酬金涨到一个天文数字时，他才高兴地去还狗，可没想到，那只可爱的名犬已经饿死了，流浪汉依然是流浪汉。

有一则《神仙赐宝》的寓言，也可谓对欲望这把"双刃剑"作了很好的诠释：一个穷人为给患重病的母亲治病，卖掉了家里仅有的衣被和锅灶，跋山涉水到深山老林去采药。他的孝行感动了神仙，神仙扮作老翁下凡，送给穷人一个"如意算盘"，说有什么愿望只要拨动算盘珠就可实现。穷人的第一个愿望就是希望母亲病愈，他拨了一个算盘珠，母亲的病很快就好了。穷人兴奋无比，又连续拨动算盘珠，要吃、要穿、要金、要银，他很快成了富翁。然而他仍不满足，一再拨动算盘珠，没有止境。这一下神仙生气了，便把"如意算盘"和由其带来的所有财富全部收回，使这个穷人又回到了以前的状态。

还有一则故事：一个后生从家里到一座禅院去，在路上他看到了一件有趣的事，他想以此去考考禅院里的老禅者。来到禅院，他与老禅者一边品茗，一边闲扯，冷不防他问了一句："什么是团团转？""皆因绳未断。"老禅者随口答道。

后生听到老禅者这样回答，顿时目瞪口呆。老禅者见状，问道："什么使你如此惊讶？"

"不，老师父，我惊讶的是，你怎么知道的呢？"后生说，"我今天在来的路上，看到一头牛被绳子穿了鼻子，拴在树上，这头牛想离开这棵树，到草地上去吃草，谁知它转过来转过去都不得脱身。我以为师父既然没看见，肯定答不出来，哪知师父出口就答对了。"

老禅者微笑着说："你问的是事，我答的是理，你问的是牛被绳缚而不得解脱，我答的是心被俗务纠缠而不得超脱，一理通百事啊！"

一只风筝，再怎么飞，也飞不上万里高空，是因为被绳牵住；一匹壮硕的马，再怎么烈，也被马鞍套上任由鞭抽，是因为被绳牵住。那么，我们的人生，又常常被什么牵住了呢？一个职称，常常让我们辗转反侧；一回输赢，常常让我们殚精竭虑；一次得失，常常让我们痛心疾首；一段情缘，常常让我们愁肠百结。

为了钱，我们东西南北团团转；为了权，我们上下左右转团团；为了欲，我们上上下下奔窜；为了名，我们日日夜夜窜奔。

快乐哪儿去了？幸福哪儿去了？因为一根绳子，风筝失去了天空；因为一根绳子，水牛失去了草原；因为一根绳子，大象失去了自由；因为一根绳子，骏马失去了驰骋。

你看，曾经与鹰同一基因的鸡，现在怎样在鸡窝边打转？你看，曾经遨游江海的鱼，现在怎么上了钓钩而摆上人家的餐桌？你看，曾经蹦蹦跳跳的少年，现在是怎样的满脸愁云惨淡？你看，当年日记本上红笔书写的豪言壮语，现在又怎样成了黑色的点点符号？

大象在木桩旁团团转，水牛在树底下转团团；我们在一件事里团团转，我们在一种情绪里团团转。为什么都挣不脱？为什么都拔不出？皆因绳未断啊。

名是绳，利是绳，欲是绳，尘世的诱惑与牵挂都是绳。人生三千烦恼丝，你斩断了多少根？

老禅者说："众生就像那头牛一样，被许多烦恼痛苦的绳子缠缚着，生生世世不得解脱。"过度的没有节制的欲望，不仅会使本来可以满足的欲望化为泡影，还有可能把人引向毁灭。正如俄国作家克雷洛夫所说："贪心的人想把什么都弄到手，结果什么都失掉了。"中国有句俗语叫"人心不足蛇吞象"，说得也是这个道理。前面提到的那个流浪汉和穷人，就是因为欲望太盛，最后弄得一无所有。胡长清、成克杰等人，哪个不是因权欲、物欲、色欲无限膨胀，而最后被钉在历史的耻辱柱上的？如果我们在各种诱惑面前，能够有所节制和约束，不是多欲、纵欲，而是知足常乐，把欲望约束在法律和道德允许的范围内，那就会免除许多烦恼，生活就会充满快乐，人生境界就能得到拓展和升华。

> 利己之心使我们受到迷惑，只有正义的希望才不会使我们误入歧途。
>
> ——卢梭

## 永葆快乐的秘诀

摆脱烦恼，永葆快乐的秘诀是什么呢？这就是"知足"。所谓的"知足者常乐"，正是这个意思。它是从不知足之中觉悟到潜在的危险，并且是建立在积极乐观的基础之上的。

人与人的交往为什么会不断地产生摩擦与矛盾？其中一个最为基本的因素，或者就是人永远不知道满足，有无限的欲望吧。每一个人都希望自己无论是合理的或者是不合理的愿望都得到百分之百地实现。不能实现，或者只实现了一半，则会产生不满，进而产生冲突，而斗争也在所难免——如果你给了我金银，何不把你手中剩下的那块玉也给我呢？既然你已经让我担任了办公室主任，何不把公司副经理的职务也让我兼任呢？如果这种欲望得不到满足，贪婪不休，那人与人之间的矛盾就会产生，就会发生争执，平添许多烦恼。

所谓的"知足"，是指已经得到的东西，在据为己有时，必须知道界限，并且无论怎样，都要感到满足——碗中的水盛得太满，就会溢出来；刀磨得过于锋利，就会卷刃。这就是所谓的界限。

身外的名声，与自己的生命比起来，哪一个显得亲切？身外的财货，与自己的生命比起来，哪一个更贵重？得到名与利，却失去生命,哪一样对我们更有害呢?为了满足自己无边无际的私欲,即使赚得了整个世界,却把自己的性命赔进去了,那又有什么意义呢?

从这里,我们就可以看出,过分地贪图虚名,就必须付出惨重的代价。家有万贯,一日只食三餐。广厦千万间,一夜只宿一床。所以,只有在得到东西的时候就已经十分满意,并且知道其界限,才可以身不受辱,不遭遇危险。

豪奢无度的人,有再多的财富也会感到不够用,而那些虽然节俭、清贫但已经很满足的人,却会比那些豪奢无度的人生活得更快乐。

不知进退的人,宜以此为深戒。

也许有的人认为,现代世界上什么时候才能够达到足够呢?说什么知足常乐,如果什么也没有,难道会有什么快乐吗?我们需要物质的极大丰富,越多越好,给我们更大更多的东西吧。

这意味着,我们这些现代人已经是一点点在失去简朴中的乐趣,即已经没有精力去真正享受生命的乐趣,能做到的,只不过是用一次又一次的刺激,去暂时安慰那苦闷的心灵。人们喜欢听《水手》那首歌,或者正是因为此歌道出了此种心声吧——这里问题的关键,就在于弄清生活的目的是为了体会生命的真正含义,还是为了追求快乐与感官的刺激。如果这个问题解决好了,我们就可以摆脱物欲的诱惑,而生活得快乐。

快乐的生活绝不是仅靠物质水平的高低来衡量的,否则,在电器、汽车诞生之前,就没有人是快乐的,而这显然是不符合事实的。

科学的进步与幸福的程度并不总是成正比的——这正是人文主义者所努力与科学主义者相抗争的。人文主义者以为,人的幸福关键在于人的心境的改变,在于不受污染的心灵。所以,知足往往是一种对田园生活的向往和乐天派的赞美。

-187-

> 各人有各人理想的乐园，有自己所乐于安享的世界，朝自己所乐于追求的方向去追求，就是你一生的道路，不必抱怨环境，也无须艳羡别人。
>
> ——罗兰

## "剃头欢"为何不欢

从前，城里住着一位大财主，他拥有十多间店铺，乡下有几百亩出租的田地，又有百多头牛羊，还有十多艘捕鱼船，这财主家大业大，可以说得上是腰缠万贯。在他隔壁有一间小木屋，住户的主人是以理发为生，名字叫阿欢。财主各方面的生意都有掌柜或其他人帮助打理，根本不用财主自己操心。财主平时穿的是绫罗绸缎，吃的是山珍海味，住的是大屋阔院，睡的是宽床高枕，盖的是罗帐锦被，但财主从来没感到过快乐，他整天还为家族的产业入息不理想、赚钱太少而烦恼和哀声叹气，经常坐立不安，有时甚至饮食不思，经常睡不着，时间长了，他精神十分疲惫。而隔壁住的阿欢三十出头仍没有妻儿，每天只能赚到很少的钱，但也够日常的生活费用和小小开支，生活虽然过得清淡一点，但天天无忧无虑，十分潇洒，每晚饭后便在小木屋里躺着放声地歌唱，直到午夜唱累了便喝一杯白开水，然后一觉睡到第二天的9点以后才起床，又开始干他那快乐的理发工作。

财主可能是因为过分忧虑生意上的利润，或者因为阿欢晚上唱歌的声音太大了，让他更加难以入睡。有一天早上，财主叫掌柜过来问道："隔壁的'剃头欢'一文钱都没有，吃不饱、住不好，又没有妻儿,为什么能够这样开心,每天晚上都在唱歌呢?而我这么多钱为什么仍快乐不起来?我真是不明白。"掌柜微笑着对财主说:"因为他知足,所以他常乐!"财主听了沉默了一下便点了点头,然后对掌柜说:"怎样才能够让'剃头欢'不会唱歌呢?"

掌柜微笑着回应财主,说:"这很容易,只要你能借给他10两银子就可以了。""行吗?不行我就扣你的工钱。"财主带着怀疑眼光问掌柜。"行!"掌柜很有信心地回应了财主。"那你明天就借10两银子给他,由你办理。"财主说完就走开了。

第二天中午,掌柜借口到阿欢的理发店刮胡子,跟阿欢聊了一下天后便特意地问:"阿欢,你剃了二十多年的头,仍然赚不了钱,现在三十出头,连老婆都没有,怎么不改行去做一些小生意呢?"阿欢笑着对掌柜说:"我每天只能赚一点点的理发钱,哪有本钱去做生意呢?""你想不想做生意?"掌柜很认真地问阿欢。阿欢又重复地说:"我想,但的确是没有本钱!""如果你想做生意,我可以帮你向我老板借10两银子给你做本钱,利息比别人借钱的稍低一点。"掌柜胸有成竹地对阿欢讲。阿欢喜出望外,惊讶地问掌柜:"当真吗?""绝不会假的。"掌柜斩钉截铁地说。这时,阿欢着急地追问:"什么时候可以借钱给我?你快说,你快说!""明天上午就可以。"掌柜满有把握地说。"好吧,大丈夫一言为定,我今天帮你刮胡子的钱就不收了,以后还要请你喝酒呢!"掌柜刮完胡子后,阿欢便十分高兴地送掌柜到门口,说:"那我明早上去找你。""好的。"掌柜边说边走了。

这天晚上阿欢特别激动,他想:借到了这10两银子后,可以去做生意,以后赚很多的钱,有了钱可以盖房子,可以娶一个妻子,以后有人做家务了,还可以让她生儿育女,传宗接代……想着,想着……这个晚上阿欢彻夜难眠,他干脆不睡觉了,一直唱歌唱到天亮。

第二天天还没亮,阿欢就到了财主店铺的门口等开门。直到 8 点多，财主的店铺开了门，他马上进去找到掌柜，掌柜也很爽快地帮他办完了借款手续，借了 10 两的银子给他。从这天上午开始，阿欢真的不理发了，白天他连门都不开了。也就是从这个晚上开始，阿欢的小木屋再也没有了嘹亮的歌声。而财主这晚也好奇地找掌柜一起到阿欢小木屋隔壁的墙边，特地来听阿欢是否还会唱歌，他们听了很久都没听到阿欢唱歌的声音时，就互相递了一个眼色，然后大笑着回去睡觉。不知道财主是因为真明白了"知足常乐"的道理，还是他妒忌阿欢快乐的心态取得了胜利，从这天晚上开始也渐渐地可以入睡了。

10 天后的一个晚上，掌柜又到阿欢的小木屋里找阿欢聊天。掌柜说："阿欢，这段时间怎么没听到你唱歌呢？"阿欢苦恼地低声回答："唉！自从你借那 10 两银子给我之后，我真的不知道用来做什么生意才好。钱又不多，又不懂生意行情，到期后又要归还本息，以后真是不知怎么办呢？现在真是烦死我了！哪还有心情唱歌呢？""哈哈哈！"掌柜听了捧腹大笑，得意地走出阿欢的屋子。

这故事说明了"知足者贫穷亦乐，不知足者富贵亦忧"的道理。这个财主本来应该是快乐的，就是因为他不知足，所以他快乐不起来。阿欢本来是生活艰苦的，但他能知足常乐。后来的情形却不同了。

从上面的这个小故事里就不难领悟到，一个快乐的人不一定是最有钱的、最有权势的，但快乐的人是真正幸福的人，因为幸福的真谛就是快乐，而快乐又往往来源于知足！

在市场经济竞争激烈的今天，人们拼命地追逐名利，似乎怎么都不能使自己满意，这样的生活一定不会有什么快乐可言。相反，知足常乐倒是使人得到快乐的绝妙法宝。一个人能否快乐地生活，主要还是取决于人的生活态度。

有些人在生活、职场及其他各个领域遇到困难、挫折或失败时，会失去理智做一些糊涂事或蠢事,这是一种不明智的做法。在此,规劝人们在遇到挫折和困难时,要用"知足常乐"的心态去看待问题,这样才会使自己失落的心灵找到新的平衡。"知足常乐"的心理状态会帮助你尽快调整心情,冷静地总结失败的教训,从而使你放下包袱,重拾信心,开心快乐地从头再来,以利再战!

> 天下有不如意事,不当愤激与争。
> ——陈于陛

## 享受人生乐趣要知足

知足常乐,适可而止,是古今中外智者贤达一致推崇的处世哲学,然而现实中却有很多人在利益的漩涡中忘了这一点。其实,中国人的智慧之源《周易》早就告诫人们"亢龙有悔",即居高位的人要戒骄,否则必然招来灾祸,只不过很少有人真正在意这些。

人不甘于平凡,总想有点作为,这种想法是推动社会前进的动力。许多人认为,如果生活太平凡、太普通,日子太单调、太呆板,就没有多大意思,尤其是年轻人,更是珍惜一生难再的青春,总想在历史的长河中翻起几朵浪花,在历史的教科书上留下一笔重彩。古代不是有人说过"要么名垂千古,要么遗臭万年"的话吗?

然而,古往今来,普天之下,还是平凡之人多于非凡之人。实际上,要做一个非凡的人很难,但能安于做一个平凡的人却也不容易。一个人如果看得开、看得透,其平凡的经历也能透露出非凡的智慧。

**如何不生气，怎样不抱怨**

　　常言道："烦恼皆因强出头。"一位作家曾说过，猴子爬得越高，又红又脏的屁股就越显眼。有很多人不知道自己身上只穿着"皇帝的新装"，却忙不迭地展示"隐身衣"，出乖露丑。许多稍有才能的人，终生都挣扎着要站在万人之上，耗费精力，何苦来哉？

　　某局长5年前就已58岁了，可5年后仍填58岁，这认真劲头可以他到组织部多次声明、说明、证明自己过去年龄有误为例。为此，大家说"×局长就是不肯迈入60岁"，用以讽刺他迷恋官位，不愿退休的心态。还有许多人虽说退了，却在心理上调整不过来，整天嘀咕着别人忘恩负义，不来看望他。这也是不甘寂寞的表现。还在位上的，也只能上不能下，只想摆重要的位置，而不想到不重要的部门。每一次换届选举，各地政府部门的官员们，都在惶惶不安地注视着人大的任命，有些人不惜串门子，找领导，千方百计保住自己的"×长"。

　　其实，在当今社会，生活丰富多彩，从另一个角度说，不做官反倒能获得更多的时间，享天伦之乐，赏田园风光，得市井之趣，如此优越之处，哪来的寂寞？人生的乐趣如此丰富，何苦为了一官半职而自寻烦恼呢？

　　非但做官如此，在人生其他事务上，亦应如此，保持一颗平常心、知足心，是最聪明的选择。"月满则亏"，亏时未免伤心落泪，与其承受人生"亏"时的凄凉痛苦，不如像曾国藩那样，保持一种"花未全开月未圆"的心态，这样就会保持永恒的快乐和恬淡，任凭风浪起，横祸也不会飞来。

> 人只有为自己同时代的人完善，为他们的幸福而工作，他才能达到自身的完善。
> 　　　　　　　　　　　　　　　　——马克思

# 第十章
## 别忧虑，做祥和幸福的自己

在心间种一棵"忘忧草"，每当烦恼忧愁来袭，你都能笑着面对，那么，你的内心每天都会充满阳光、快乐，你的生活就会更加祥和、美满。

# 别让家庭充斥"火药味"

有人将家庭比作避风的港湾,有人将家庭比作温暖的火炉,也有人将家庭比作温馨的摇篮。不管是港湾、火炉还是摇篮,都表明了一个最真实的道理:人人都渴望拥有一个和谐美满的家庭。

中国有句老话,叫作"家和万事兴"。家,恰如其形,就像是一把保护伞,替我们挡风遮雨,祛暑避寒!"妻贤夫兴旺,母慈儿孝敬。"家庭和睦对一个人的顺利成长,具有不可或缺的作用。

家和万事兴,中国人就认这个理儿。我们都在追求富足的生活,希望拥有一个幸福、和睦的家庭。"家和"真的很重要,因为只有"家和",才能"万事兴"。"和"是手段,"兴"是目标,就是让我们的生活过得更加幸福、安康和美满。

纵观古今中外,那些成功男人的兴盛和发达背后,无不有一个默默无闻的贤内助在支撑着;而一个女人每日灿烂的笑容,总是和丈夫的体贴息息相关。这样的事例不胜枚举。

小蔡是个幸运的人,因为她嫁了一个好丈夫。她丈夫是一家大公司的部门经理,虽然工作繁忙,但是他从来没有要求小蔡必须照顾家庭,照顾他,而是兼顾小蔡的需求,让她干她自己喜欢的事。小蔡还在攻读硕士学位,在学校里,每天都可以看到她灿烂的笑容,丝毫看不到压力的影子。从她的笑容中,任何人都能感受到她正在享受一个做女人的幸福。

## 第十章 别忧虑，做祥和幸福的自己

虽然丈夫对自己没有要求，但是小蔡也会体谅丈夫工作的辛苦，尽可能地帮助他解决在生活和事业上遇到的困难。与此同时，她在学业上也取得了不小的收获。在快乐中，她依旧迎风飞翔，她热爱自己的专业，成绩总是名列前茅，另外，她还是自己所在学校百年校庆庆典上的学生代表，这些荣誉都是令人羡慕的。但是，她并没有因为学校里的事情而忘记照顾自己的丈夫。

有一次，小蔡的丈夫出差回来，刚好是她忙完学校公派的事情之后，她立刻脱下工作服，不顾劳累，精心准备迎接他的归来。而她的丈夫一方面为她的成就感到骄傲，另一方面，在得到她的爱护中又激起了奋斗的动力。虽然有时候他们也会拌嘴，但是他们双方总是很快就作出让步，从而使彼此在一种相互欣赏中共同进步。可以说，他们的婚姻是成功的，是一个"家和万事兴"的典型。

"婚姻是爱情的坟墓"，这句俗语对于我们来说，早已不再新鲜了，甚至有不少人把它当作一句至理名言，因而在走进婚姻殿堂的时候，不免有些战战兢兢，生怕婚前的甜蜜和温馨都被婚后生活的琐碎所替代。

确实，婚姻是两性感情的一个里程碑，也是恋爱时期感情的结束，然而走进婚姻的人们，需要的是另外一种爱情。这种爱情已经失去了过多的包装、虚幻和浪漫，而是有了更多的平淡与真实。它要求双方对彼此的感情作进一步的接触，需要的是另外一种更亲密的爱情，从而把各自的生活完全重叠起来。

当人们真实地面对生活，包括无数的挫折和风雨，也包括柴、米、油、盐的生计安排时，夫妇也许会产生一种挫折和气馁的情绪。这些似乎再一次印证了"婚姻是爱情的坟墓"的说法。然而事实上，婚姻本身是无所谓好坏的，成败全在于你自己。婚姻的目的是为了建立一个新的家庭，延续你的爱情，并为你的爱情果实建立一个贮存地。

在现实中，许多夫妇婚后感情与日俱增，两情相悦，恩爱有加，爱情之花常开不败。究其原委，全在于夫妻感情巩固、发展得法，追求一种平淡、恬然的生活。其实，只要你善于经营这种亲密而现实的爱情，不要轻易对爱人发脾气，你们的爱情就会继续发展、升华，而绝不会被扼杀在婚姻的摇篮中。

对孩子来说，"家和"也非常重要。一个孩子呱呱坠地，来到这个世界上，当他睁开惺忪睡眼，第一眼看到的可能就是他的家，他的父母。家是子女的第一起跑线，是塑造子女健全人格的第一环境，是父母与孩子共同学习、一起成长的发展空间。

如果一个家庭被吵架、暴力、酗酒、婚外情等问题困扰，孩子受其影响是无疑的。若夫妻感情不和，家庭气氛紧张，父母不仅无心照顾孩子，甚至还会将孩子当作"出气筒"。这种家庭氛围会使孩子感情上很痛苦，精神上很压抑，健康和智力都会受到严重影响。

心理学研究表明，从小就生活在气氛紧张的"缺陷家庭"中的孩子，智商一般都较低，并且存在着不少心理问题；而生活在恩爱和睦家庭中的孩子，不但心理比较健康，智商也要较前者高。

父母离异往往会在孩子的心中投下阴影，容易造成孩子压抑、自卑、孤僻、冷漠的性格。单亲家庭的孩子，因为受父母离异的影响，致使心理多憎恨、少爱心。这些孩子，由于心理发育还不成熟，容易受伤害而变得畸形，如不小心呵护，最终很有可能会走上犯罪的道路。

所以做人要有为人和善的"心眼"，不仅在社会交往中要少发脾气，在家庭中更要少发脾气。调整自己的心态，给家庭多点宽容和理解，这样，家庭才不会到处充满着"火药味"，幸福的生活才会变得更加的美好。

> 对真理的追求比对真理的占有更为可贵。
>
> ——莱辛

## 告别悲观，迎接生活的暖阳

20世纪的女作家张爱玲的一生完整地诠释了悲观给人带来的负面影响是多么的巨大。

张爱玲一生聚集了一大堆矛盾，她是一个善于将艺术生活化、将生活艺术化的享乐主义者，又是一个对生活充满悲剧感的人；她是名门之后、贵族小姐，却宣称自己是一个自食其力的小市民；她悲天悯人，时时洞见芸芸众生"可笑"背后的"可怜"，但在实际生活中却显得冷漠寡情；她通达人情世故，但她自己无论待人穿衣均是我行我素，清高孤傲。她在文章里同读者拉家常，但在生活中却始终与人保持着距离，不让外人窥探到她的内心。她在20世纪40年代的上海大红大紫，几十年后，她在美国又深居简出，过着与世隔绝的生活。所以有人说："只有张爱玲才可以同时承受灿烂夺目的喧闹与极度的孤寂。"这种生活态度的确不是普通人能够承受或者是理解的，但用现代心理学的眼光看，其实张爱玲的这种生活态度缘于她始终抱着一种悲观的心态活在人间，这种悲观的心态让她无法真正地融入生活，因此她总在两种生活状态里不停地左右徘徊。

张爱玲所拥有的深刻的悲剧意识，并没有把她引向西方现代派文学那种对人生彻底绝望的境界。她的个人气质和文化底蕴最终决定了她只能回到传统文化的意境，且不免自伤自恋，因此在生活中，她时而在世俗的喧嚣中沉浸，时而又陷入极度的寂寞中，最后孤老死去。

张爱玲的悲剧人生让我们看到了悲观对一个人的戕害是多么严重。现实生活中，不只文豪有这样的悲观情绪，平常的人也会经历这样的心情。

有一位年老的父亲，他有两个儿子，他们都很可爱。在圣诞节来临前，父亲分别送给他们完全不同的礼物，在夜里悄悄把这些礼物挂在圣诞树上。第二天早晨，哥哥和弟弟都早早起来，想看看圣诞老人给自己的是什么礼物。哥哥的圣诞树上礼物很多，有一把气枪，有一辆崭新的自行车，还有一个足球。哥哥把自己的礼物一件一件地取下来，却并不高兴，反而忧心忡忡。

父亲问他："是礼物不好吗？"哥哥拿起气枪说："看吧，这支气枪我如果拿出去玩，没准儿会把邻居的窗户打碎，那样一定会招来一顿责骂。还有，这辆自行车，我骑出去倒是高兴，但说不定会撞到树干上，会把自己摔伤。而这个足球，我总是会把它踢爆的。"父亲听了没有说话。

弟弟的圣诞树上除了一个纸包外，什么也没有。他把纸包打开后，不禁哈哈大笑起来，一边笑，一边在屋子里到处找。父亲问他："为什么这样高兴？"他说："我的圣诞礼物是一包马粪，这说明肯定会有一匹小马驹就在我们家里。"最后，他果然在屋后找到了一匹小马驹。父亲也跟着他笑起来："真是一个快乐的圣诞节啊！"

其实，在工作和生活中，很多事情也是这样，乐观情绪总会带来快乐明亮的结果，而悲观的心理则会使一切变得灰暗。

我们不仅要知道在快乐的时候微笑，更要学会在面对困难的时候微笑，因为只有这样，我们才能在挫折面前精神不倒；只有这样，我们才能告别悲伤的凄凉，迎接生活的春日暖阳。

第十章 别忧虑，做祥和幸福的自己

当自己已经尽力，可因为个人无法控制的所谓"天命"而使事情变糟时，恐慌、着急、悔恨都无济于事，不如将自己从悲观中放逐出来，去感受生活中的阳光，迎接那辉煌美丽的人生。

> 百金买骏马，千金买美人，万金买高爵，何处买青春？
> ——屈原

# 擦拭自己的心窗

一位婆婆对刚娶进门的媳妇甚为不满，媳妇的一点小差错都会引起婆婆的勃然大怒。

她一会儿抱怨媳妇厨艺不够精湛，连葱、蒜、韭菜都分不清；一会儿又抱怨媳妇根本无心打理家务，而且常常加班到半夜才回家，也不晓得是真的加班，还是在外面鬼混。

她甚至连儿子感冒发烧也算到媳妇头上去，抱怨她连丈夫的身体都照顾不好，还怎么做人家老婆？

直到有一天，一个老朋友来到家里做客，婆婆哪壶不开提哪壶，又开始埋怨媳妇的不是，指着阳台上的衣服说："我真不知道她妈妈是怎么教她的，连洗个衣服都洗不干净，你看看，衣服上斑斑点点的，她洗了老半天还是那个样子，真是浪费那些洗衣服的水！"

这位朋友听了婆婆的话之后，向阳台上仔细地瞧了一下，这才发现了问题的症结所在。

他用抹布把窗户擦了擦，然后拉着婆婆再朝阳台望去，婆

-199-

如何不生气，怎样不抱怨

婆大吃一惊，那些晾在阳台上的衣服居然一下子就变干净了，婆婆这才明白，原来不是媳妇的衣服洗不干净，而是家里的窗户脏了。

从此，她不再戴着有色眼镜看待媳妇，婆媳二人相处得越来越好，简直跟一对亲母女一样。

很多时候，只要稍微退一步，你就可以看得更清楚。

智者一切求诸己，愚者一切求诸人，念头宽厚的，如春风煦育，万物遭之而生；心念狭窄的，如朔雪阴凝，万物遭之而死。

太仔细观察别人的错误，反而会察觉不到自己本身的缺失，容人是一种雅量，偶尔擦拭自己的心窗，不为灰尘所蒙蔽，窗明几净，才能眺望得更高更远。

有首歌里唱道："忘忧草，忘了就好。"是的，忘了那些生活中的不快吧，这样，生活才能一片晴朗、一片祥和。

> 智者从他的敌人那儿学到知识。
> ——阿里斯托芬

# 别让生活成为一潭死水

莎士比亚说："聪明的人永远不会坐在那里为他们的损失而悲伤，他们会很愉快地想办法来弥补他们的创伤。"

为什么要浪费那么多无谓的眼泪呢？虽然犯了错误和发生疏忽都是我们的不对，可是这又怎么样呢？谁没犯过错？就连拿破仑，在他所有重要的战役中也输掉过三分之一。也许我们的平均纪录并不会比拿破仑差,谁知道呢?何况,即使动用国王所有的人马,也不能再把已经过去的挽回。

要使过去的失败具有真正的意义,唯一的方法,就是冷静分析失败的原因,吸取教训,然后忘记过去的失败。可是生活中却有不少人活在过去,为过去发生的事忧虑、追悔不已,却从来不想办法来弥补以前发生的事情所产生的影响,要知道,我们绝不可能去改变已经发生的任何一件事情。

拿破仑·希尔曾有过这样一次奇妙的经历。

当时,希尔开办了一个非常大的成人教育机构,在很多城市里都有分部,在管理费和广告费上的投资很大。由于他当时忙于教课,没有时间,也没有心情去管理财务问题,并且也太天真,不知道应该授权给一个很好的业务经理来协调各项收支。

过了一年,希尔发现了一件惊人的事实:虽然他们的收入非常多,但却没有得到相应的利润。针对这种现象,希尔发现自己应该马上做两件事情:

第一,应该有足够的勇气和智慧,就像黑人科学家乔治·华盛顿·卡佛尔做的那样,承受住将自己毕生的积蓄从银行账户转给别人的事实。当有人问他是否知道自己已经破产了的时候,他回答说:"是的,也许正像你所说的。"然后,继续做自己喜欢做的事情。他把这笔损失从他的记忆里抹去,以后再也没有提起过。

第二,把自己失败的原因找出来,记住惨痛的教训,然后从中学到一些经验。

然而,这两件事希尔一样也没有做。相反,他却沉浸在经常性的忧虑和痛苦中。一连好几个月都恍恍惚惚的,睡不好,体重也减轻了很多,不但没有从这次失误中学到教训,反而又接着犯了一个类似的错误。

对希尔来说，要承认以前这种愚蠢的行为，实在是一件很为难的事。可是他早就发现："去指挥、教导20个人怎么做，比自己一个人真正去做，要容易多了。"

这个时候，希尔想起了桑得斯先生的一个故事。桑得斯先生认为，教他生理课的老师保罗·博兰德威尔博士，给他上了最有意义的一课，他为此受益终身。他说：

"那时我才十几岁，但是我好像常为很多事发愁。我常常为自己犯过的错误哀叹不已，考完试以后，我常常会半夜里睡不着，咬自己的指甲，我总是担心自己考不及格。我总爱反思我说过的一些话，总希望当时能把那些话说得更好。

"一天早上，我们全班到了科学实验室。保罗·博兰德威尔博士把一瓶牛奶放在桌子边上。我们都坐着，望着那瓶牛奶，不知道牛奶跟生理卫生课有什么关系。然后，博兰德威尔博士突然站了起来，看似不小心地一碰，把那瓶牛奶打翻在地，然后，他在黑板上写道：'不要为打翻了的牛奶而哭泣。'

"'好好地看一看。'博士叫我们所有的人仔细看看那瓶打碎的牛奶，'我要你们永远都记住这一课，这瓶牛奶已经没有了，它都漏光了。无论你怎么着急，怎么抱怨，都没有办法再收回一滴。我们现在所能做的，只是把它忘掉，丢开这件事情，只注意下一件事。'

"我早已忘了我所学到的几何和拉丁文，但这短短的一课却让我记忆犹新。后来，我发现这件事在实际生活中所教给我的，比我在高中读了那么多年书所学到的都有意义。它教我懂得：尽量不要打翻牛奶，万一打翻牛奶并整个漏光的时候，就要彻底把这件事情忘掉。"

或许有人会觉得，费这么大劲来讲那么一句话"不要为打翻了的牛奶而哭泣"，未免有点太夸张了。的确，这句话很普通，也可以算是老生常谈了。可是像这样的老生常谈，却包含了人类千百年来所积聚的智慧。这是人类经验的结晶,是世世代代流传下来的。事实上,你也不会看到比"船到桥头自然直"和"不要为打翻了的牛奶而哭泣"更基本、更有用的常识了。只要我们能运用它,不轻视它,我们就用不到任何庸俗的教义。但是,如果不加以应用,知识无异于一潭死水。

弗雷德·福勒·杰特有一种能把老的真理用一种既通俗又有趣的方法说出来的天赋。他是一家报社的编辑,有一次在大学讲演的时候,他问道:"有多少人曾经锯过木头?请举手。"大部分的学生都表示曾经锯过。然后他又问道:"有多少人曾经锯过木屑?"没有一个人举手。

"现实生活中,你们不可能锯木屑。"杰特先生说道,"因为那些都是已经锯下来的。过去的事也是一样,当你开始为那些已经做完的和过去的事而忧虑的时候,你不过是在锯一些无用的木屑。"著名棒球选手康尼·迈克 81 岁的时候,有人问他,有没有为输了的比赛忧虑过。他回答:"很多年以前,我就不做这种傻事了,我发现这样做对我完全没有好处,磨完的粉不能再磨,因为水已经把它们冲到底下去了。"

世界拳王杰克·登普西曾这样叙述自己拳坛生涯的最后一段岁月:当把世界拳王的称号输给对手时,他的自尊心受到了沉重的打击。他在雨中往回走,穿过人群,回到房间。一路上,他看见了一直支持自己的观众眼里含着泪水,一些人想要握住他的手来安慰他。

一年后,不甘心的登普西又跟对手比了一场,但此时他已经没有了信心,结果又失败了。从此,他开始怀疑自己也许就这样完了。要完全克制自己不去想这件事情实在很难,终于有一天,他对自己说:"我不打算生活在过去里,我要能承受这一次打击,不能让它把我击垮。"

杰克·登普西做到了这一点。他的做法是承受一切,忘掉过去的失败,然后集中精力规划未来。他的做法是经营百老汇的登普西餐厅和大北方旅馆。他的目的是安排和宣传拳击赛,举行有关拳击赛的各种展览会。他的做法是让自己忙着做一些富于建设性的事情,使他既没有时间也没有心思去为过去担忧。

"在过去10年里,"登普西说,"我的生活比我在做世界拳王的时候要开心得多。"

所以,让我们记住,不要为打翻了的牛奶而哭泣,不要为过去的事情而生自己的气。

> 如果说,科学上的发现有什么偶然的机遇的话,那么这种"偶然的机遇"只能给那些有素养的人,给那些善于独立思考的人,给那些具有锲而不舍的精神的人,而不会给懒汉。
>
> ——华罗庚

## 在心间种一棵"忘忧草"

有一个农夫,每天都是快快乐乐的,当一个新的早晨来临的时候,他都会迫不及待地问候一句:"上帝,早上好!"他的邻居,一个农妇,每天总是心事重重的,当新的一天来临的时候,她的问候语和农夫的相似:"上帝,早上好吗?"

这两个人似乎是来自不同的世界,一个总是快快乐乐,一个总是忧忧郁郁;一个总是乐观自信,一个总是悲观多疑;一个总是发现机会,一个总是寻找问题……

一个阳光明媚的早晨,农夫欣喜地对邻居喊道:"多么晴朗的天空啊！你曾经见到过这么壮丽的日出吗？"

"是的，天空的确很晴朗。"她回答说，"但同时也会带来炎热，我真担心它会把农作物烤焦。"

还有一次是在阵雨的午后，农夫赞叹道："这真是一场及时雨啊，农作物今天可以开怀畅饮一次了！"

农妇听见后，却忧心忡忡地说道："但愿老天能见好就收，别一下就下个没完，那样农作物会吃不消的。"

"即使是这样，你也不必太担心了，别忘了，我们是买了洪水保险的。"农夫安慰农妇道。

为了让心事繁重的邻居开心快乐起来，农夫费尽周折地弄来一条既漂亮又训练有素、身价不菲的德国犬，农夫深信这条拥有多种技能的德国犬一定会给农妇带来欢乐的。

这天，农夫特意邀请他的邻居，来观看德国犬的精彩表演。

农夫先把一根木棍扔进湖里，然后大声命令德国犬："去，把木棍给我取回来！"这条德国犬在听到主人的命令后，立刻飞快地向湖边跑去，并毫不犹豫地跳进了湖中。只见这条德国犬在湖中上下翻腾着，一会儿浮出水面，一会儿沉入水下，没过多久，嘴里就衔着木棍回到了主人的身边。农夫赞赏地摸了摸德国犬的脑袋，高兴地问农妇："怎么样？这家伙表演得还不错吧？"

本以为农妇会满心欢喜地点头称赞，谁知她手捂胸口，眉头紧皱地回答道："我都快揪心死了！看它在湖里上下翻腾，总担心它的水性不够好，怕它会淹死在湖里！"

生活中，有很多人都在为一些小事烦恼着，他们不但顾虑着现在，而且还想着未来。今天还没好好享受完，就要苦苦地思索明天该如何去过。打开衣柜，为衣服而烦恼；打开冰箱，为吃喝而烦恼；打开电脑，为有无新邮件而烦恼；打开门，为天气而烦恼……人要活得开开心心，何必为生活中的那些小事而烦恼呢？在心间种一棵快乐的"忘忧草"，给生活增添一些祥和、快乐的气氛，不是更好吗？

> 读书之法，在循序而渐进，熟读而精思。
> ——朱熹

## 别被忧虑的小甲虫噬咬

人生在世不过短短几十载，在这有限的时间里，人们却浪费了很多时间为一些一年之内就会忘却的小事犯愁。

1945年3月，罗勃·摩尔在中南半岛附近276英尺深的水下，学到了一生中最重要的一课。当时，他正在一艘潜艇上值班。他们从雷达上发现一支日军舰队——一艘驱逐护航舰、一艘油轮和一艘布雷舰朝潜艇这边开来，他们发射了3枚鱼雷，但都没有击中。突然，那艘布雷舰直朝潜艇开来，这时潜艇立刻潜到150英尺深的地方，以免被它侦察到，同时做好应付深水炸弹的准备，还关闭了整个冷却系统和所有的发电机。

6分钟后，6枚深水炸弹在四周炸开，把潜艇直压到276英尺深的水下。深水炸弹不停地投下，整整15个小时，有数十枚就在离潜艇50英尺左右的地方爆炸——倘若深水炸弹距离潜艇不到17英尺的话，潜艇就会被炸出一个洞来。当时，罗勃·摩尔奉命静躺在自己的床上，保持镇定。他吓得无法呼吸，不停地对自己说："这下死定了……"潜艇内的温度几乎有40℃，可他却怕得全身发冷，一阵阵冒冷汗。15个小时后，攻击停止了——显然,那艘布雷舰用光了所有的炸弹后开走了。这15个小时,在罗勃·摩尔看来好像有1500万年。他过去的生活一一在眼前出现,他记起了做过的所有坏事和曾经担心过的一些很无聊的小事:没有钱买房子、没有钱买车、没有钱给妻子买好衣服、常常和妻子为一点芝麻小事吵架,他甚至为额头上的一个小疤——一次车祸留下的伤痕而发过愁。

罗勃·摩尔说:"多年之前,那些令人发愁的事在深水炸弹威胁生命时显得那么荒谬、渺小。我对自己发誓,如果我还有机会再看到太阳和星星的话,我永远不会再忧愁了。在这15个小时里,我从生活中学到的,比在大学里学到的还要多得多。"

这是一个经过大灾大难才悟出的人生箴言!

我们在面对生活带给我们的大危机时,常常还能够镇定自若,勇敢面对,但是面对一些小事的时候,我们却常常被这些小事搞得垂头丧气。哈瑞·爱默生·富斯狄克讲过这样一个故事:"在科罗拉多州长山的山坡上,躺着一棵大树的残躯。自然学家告诉我们,它曾经有过400多年的历史。在它漫长的生命里,曾被闪电击中过14次,它都能安然无恙。但在最后,一小队甲虫的攻击使它永远地倒在了地上。那些甲虫从根部向里咬,渐渐伤了树的元气,虽然它们很小,却是持续不断地攻击。这样一棵森林中的巨木,岁月不曾使它枯萎,闪电不曾将它击倒,狂风暴雨不曾将它动摇,却因一小队用大拇指和食指就能捏死的小甲虫,终于倒了下来。"

我们不就像森林中那棵身经百战的大树吗?我们也经历过生命中无数狂风暴雨和闪电的袭击,也都撑过来了,可却总是让忧虑的小甲虫噬咬——那些用大拇指和食指就可以捏死的小甲虫。

人生短暂,不要浪费时间,为那些不必要烦恼的小事而烦恼。

> 即使对于看似渺小的工作也要尽最大的努力。每一次的征服都会使你变得更强大。如果你用心将渺小的工作做好，伟大的工作往往就会水到渠成。
>
> ——戴尔·卡耐基

# 踢开绊住前进脚步的小事

在快节奏的现代社会，我们都知道有这样一条规律："法律不会去管那些小事情。"如果一个人希望求得心理上的平静的话，他不应该为这些小事所忧虑。

实际上，要想克服一些小事引起的烦恼，只要把看法和重点转移一下就可以了。作家荷马·克罗伊说："过去我在写作的时候，常常被纽约公寓照明灯的响声吵得快要发疯了。后来，有一次我和几个朋友出去露营，当我听到木柴烧得很旺时的响声，突然想到：这些声音和照明灯的响声一样，为什么我会喜欢这个声音而讨厌那个声音呢？回来后我告诫自己：'火堆里木头的爆裂声很好听，照明灯的声音也差不多。我完全可以蒙头大睡，不去理会这些噪声。'结果，头几天我还注意它的声音，可不久我就完全忘记了它。"

人们常会为一些鸡毛蒜皮的小事而争吵、生气，浪费了人生一些宝贵的时间。就像吉布林这样有名的人，有时候也会忘了"生命是这样的短促，不能再顾及小事"这样的道理。

吉布林娶了一个维尔蒙的女子，在布拉陀布造了一座漂亮房子，准备在那儿安度余生。他的舅舅比提·巴里斯特成了他最好的朋友。他们俩一起工作，一起游戏。

后来，吉布林从巴里斯特那里买了一点地，事先商量好巴里斯特仍可以每季度在那块地上割草。一天，巴里斯特发现吉布林在那片草地上开出一个花园，他生起气来，暴跳如雷。吉布林也反唇相讥，弄得维尔蒙绿树茵茵的山上乌云笼罩。

几天后，吉布林骑自行车出去玩时，被巴里斯特的马车撞倒在地。这位曾经写过"众人皆醉，你应独醒"的名人也昏了头，告了官。巴里斯特被抓了起来。接下去是一场很热闹的官司，结果使吉布林携妻永远离开了美国的家。而这一切，只不过为了一件很小的事。

生活中有太多不值得我们去计较的事情。只要我们能够以一种平和的心态，去面对生活中的一些琐事，那么，我们就会享受到生活中本应有的快乐与幸福。学会看开、学会看淡、学会看远、学会看透、学会看准，运用你的智慧，以一种超脱的心境就必然不会再因为小事而生气，从而可以赢得更广阔的人生。

人类的烦恼百分之五十是日常的小事，百分之二十是杞人忧天，百分之十二事实上并不存在，剩下的百分之十几，则是既成的事实，再担心烦恼也没用。

生命太短暂了，不要让小事绊住我们前进的脚步，不要让琐碎的烦恼浪费我们宝贵的时光。愿我们一生中，每个日子都过得充实而有意义！

> 计算一下你有多少天不曾生气。在从前，我每天生气；有时每隔一天生气一次；后来每隔三四天生气一次。如果你一连三十天没有生气，就应该向上苍表示感谢。
>
> ——艾皮克蒂特斯

## "枪毙"心中的痛苦

有一只兀鹰,猛烈地啄着村夫的双脚,将他的靴子和袜子撕成碎片后,便狠狠地啃起村夫的双脚来了。正好这时有一位绅士经过,看见村夫如此鲜血淋漓地忍受痛苦,不禁驻足问他:"为什么要受兀鹰啄食呢?"村夫答道:"我没有办法啊。这只兀鹰刚开始袭击我的时候,我曾经试图赶走它,但是它太顽强了,几乎抓伤我的脸颊,因此我宁愿牺牲双脚。啊,我的脚差不多被撕成碎屑了,真可怕!"

绅士说:"你只要一枪就可以结束它的性命呀。"村夫听了,尖声叫嚷着:"真的吗?那么你助我一臂之力好吗?"

绅士回答:"我很乐意,可是我得去拿枪,你还能支撑一会儿吗?"

在剧痛中呻吟的村夫,强忍着被撕扯的痛苦说:"无论如何,我会忍下去的。"

于是绅士飞快地跑去拿枪。但就在绅士转身的瞬间,兀鹰蓦然拔身冲起,在空中把身子向后拉得远远的,以便获得更大的冲力,然后如同一根标枪般,把它的利喙刺向村夫的喉头,深深插入。村夫终于扑死在地了。死前稍感安慰的是,兀鹰也因用力过大而累死在村夫的血泊里。

看了这则故事,也许你会问:村夫为什么不自己去拿枪结束掉兀鹰的性命,却宁愿像傻瓜一样忍受兀鹰的袭击呢?兀鹰只是一个比喻,它象征着萦绕人生的内在与外在的痛苦,人很容易陷入痛苦中，无法自拔。

其实，生活中的任何一个凡人，都会不知不觉地像村夫一样，沉溺于自己的臆造幻想中，痛苦得不能自拔，甚至"爱"上自己的痛苦，不愿亲手毁掉它，尽管只是举手之劳。奥地利小说家卡夫卡有一段格言，正可以解释人为什么总会身陷种种痛苦："人们惧怕自由和责任，所以人们宁愿藏身在自铸的牢笼中。"这个寓言告诉我们：不要等待别人来解决你的痛苦，只要愿意，你可以超越它，"枪毙"你的痛苦。

痛苦是生命的敌人，人生虽然充满了挫折与苦难，但人却能以一颗豁达乐观的心凌驾于逆境之上。千万不要沉溺于痛苦之中，痛苦是心灵的自我囚禁，每个人都应自觉地呵护自己的心灵，别让它承受痛苦的煎熬。

> 有忍，其乃有济；有容，德乃大。
>
> ——《尚书》

# 生活可以多点"开心果"

笑是生活的开心果，是无价之宝，但却不需花一分钱。所以，每个人都应学会以微笑面对生活。

如果我们整日忧愁地看生活，生活肯定愁眉不展；如果我们爽朗乐观地看生活，生活肯定阳光灿烂。朋友，既然现实无法改变，当我们面对困惑、无奈时，不妨给自己一个笑脸，一笑解千愁。

#### 如何不生气，怎样不抱怨

英国作家雪莱说过："笑实在是仁爱的表现，快乐的源泉，亲近别人的桥梁。有了笑，人类的感情就沟通了。"笑是快乐的象征，是快乐的源泉。笑能化解生活中的尴尬，能缓解工作中的紧张气氛，也能淡化忧郁。一对夫妻因为一点生活琐事吵了半天，最后丈夫低头喝闷酒，不再搭理妻子。吵过之后，妻子先想通了，便想和丈夫和好，但又感到没有台阶可下，于是她便灵机一动，炒了一盘菜端给丈夫说："吃吧，吃饱了我们接着吵。"一句话把正在生闷气的丈夫给逗乐了，见丈夫真心地笑了，她自己也乐开了。就这样，一场矛盾在笑声中化解开来。

既然笑声有这么多的好处，我们有什么理由不让生活充满笑声呢？不妨给自己一个笑脸，让自己拥有一份坦然；还生活一片笑声，让自己勇敢地面对艰难。这是怎样的一种调解，怎样的一种豁达，怎样的一种鼓励啊！

赫尔岑有句名言说："不仅会在欢乐时微笑，也要学会在困难中微笑。"人生的道路上难免会遇到这样那样的困难，时而让人举步维艰，时而让人悲观绝望，漫漫人生路，有时让人看不到一点希望。这时，不妨给自己一个笑脸，让来自心底的那份执着，鼓舞自己插上理想的翅膀，飞向最终的成功；让微笑激励自己产生前行的信心和动力，去战胜困难，闯过难关。

清新、健康的笑，犹如夏天的一阵大雨，荡涤了人们心灵上的污泥、灰尘及所有的污垢，显露出善良与光明。

> 狂暴的人总是从一个极端到另一个极端。
>
> ——托·富勒